기계의 반칙

기계의 반칙

위대한 AI 석학이 해설하는 인공지능에 대한 오해와 진실

초판 1쇄 발행 2023년 11월 30일

지은이 넬로 크리스티아니니 / **옮긴이** 김정민 / **펴낸이** 전태호
펴낸곳 한빛미디어(주) / **주소** 서울시 서대문구 연희로2길 62 한빛미디어(주) IT출판2부
전화 02-325-5544 / **팩스** 02-336-7124
등록 1999년 6월 24일 제25100-2017-000058호 / **ISBN** 979-11-6921-172-7   03500

총괄 송경석 / **책임편집** 서현 / **기획 · 편집** 박지영
디자인 박정우 / **전산편집** 백지선
영업 김형진, 장경환, 조유미 / **마케팅** 박상용, 한종진, 이행은, 김선아, 고광일, 성화정, 김한솔 / **제작** 박성우, 김정우

이 책에 대한 의견이나 오탈자 및 잘못된 내용에 대한 수정 정보는 한빛미디어(주)의 홈페이지나 아래 이메일로
알려주십시오. 잘못된 책은 구입하신 서점에서 교환해드립니다. 책값은 뒤표지에 표시되어 있습니다.

한빛미디어 홈페이지 www.hanbit.co.kr / **이메일** ask@hanbit.co.kr

지금 하지 않으면 할 수 없는 일이 있습니다.
책으로 펴내고 싶은 아이디어나 원고를 메일(writer@hanbit.co.kr)로 보내주세요.
한빛미디어(주)는 여러분의 소중한 경험과 지식을 기다리고 있습니다.

기계의
반칙

넬로 크리스티아니니 지음

김정민 옮김

위대한 AI 석학이 해설하는
인공지능에 대한 오해와 진실

⑪⑬ 한빛미디어
Hanbit Media, Inc.

지은이·옮긴이 소개

지은이_ **넬로 크리스티아니니**Nello Cristianini

머신러닝 및 인공지능 분야에 20년 이상 종사하고 있는 저명한 연구자다. 바스 대학교에서 인공지능 학과 교수로 재직 중이며, 그 전에는 브리스틀 대학교, 캘리포니아 대학교 데이비스(UCD), 로열 홀러웨이 런던 대학교에서 일했다. 머신러닝 분야 연구로 '왕립학회 울프슨 우수연구상Royal Society Wolfson Research Merit Award'과 '유럽연구위원회 경력연구원 장학금ERC Advanced Grant'을 받았다. 머신러닝 분야의 영향력 있는 저서를 집필했으며 인공지능에서 과학철학, 디지털 인문학에서 자연어 처리, 사회학에서 생물학에 이르기까지 다양한 분야의 학술지에 게재된 학술 논문 수십 건의 공동 저자이기도 하다. 2017년에는 유럽의회의 유럽기술영향평가국(STOA)에서 인공지능의 사회적 영향을 주제로 연례 강연했으며, 이는 현재도 크리스티아니니가 열심히 연구하는 주제다. 트리에스테 대학교에서 물리학 학위를, 계산지능computational intelligence(CI)으로 런던 대학교에서 석사 학위를, 브리스틀 대학교에서 박사 학위를 받았다.

옮긴이_ **김정민**

서울대학교 컴퓨터공학과를 졸업하고 SK텔레콤에서 소프트웨어 엔지니어로 근무했다. 변호사 자격을 취득하고 현대자동차, 헬스케어 회사, 블록체인 회사 등을 거쳐 특허, 저작권, 영업비밀, 개인정보, 기술전략, 규제대응 그 외 폭넓은 영역에서 다양한 기술 및 법률자문을 제공하고 있다. 옮긴 책으로는 『기계는 어떻게 생각하고 학습하는가』(한빛미디어, 2018), 『컴퓨터 프로그램의 구조와 해석』(인사이트, 2016), 『소프트웨어 개발의 지혜』(야스미디어, 2004) 등 10여 권이 있다. 현재 법무법인 인헌의 파트너 변호사로서 좋은 책이 더 많은 사람에게 알려지도록 노력한다.

옮긴이의 말

'대항해시대'가 아닌 '대에이아이(AI)시대'라 해도 이상하지 않은 때다. 조금 과장을 더해 모든 사람과 모든 자본과 모든 관심이 인공지능으로 향하고 있다. 인공지능을 내세운 스타트업은 시장이 어려워도 다른 업종에 비해 펀딩에 성공하는 비율이 높다. 서점에는 인공지능에 관해서 설명하는 책이 넘쳐난다. 대학생들은 인공지능 강좌의 수강 신청에 몰리고, 직장인들은 바쁜 퇴근 후 시간을 쪼개 인공지능 세미나를 이어폰으로 들으며 FOMO^{fear of missing out}, 즉 유행에 뒤처지는 공포감을 달랜다. 인공지능 분야를 경력에 단 한 줄이라도 추가한 전문가들은 그 어느 때보다 쏟아지는 러브콜에 바쁘다.

이러한 상황만 보면 이미 많은 사람이 인공지능에 대해 충분히 이해하고 있을 듯하다. 그런데 정말 그럴까?

기술 기반 기업들에 법률 자문을 제공하는 직업을 가진 사람으로서, 사실 그동안 스스로 이 분야에 대해 내가 모르는 게 너무 많다고 생각한 적은 없었다. 그러나 이 책을 우리말로 옮기면서 상당히 많이 반성했다. 특히 내가 인간과는 다른 '기계'를 그동안 너무 인간 중심적인 시각으로 이해하고 있지 않았나 하는 자기성찰이 있었다.

이 책에서 '기계'로 옮긴 'machine'의 어원에 대해서는 여러 설이 있지만 중세 프랑스어, 또는 라틴어에서 유래한 '정밀한 고안품과 발명품'이라는 뜻이 기본이 되었다고 한다. 한자어 '기계(機械)'는 각 한자에 모두 나무목(木)변이 들어가 있는 것에서 짐작할 수 있듯이 '틀', '기구', '장치'라는 뜻을 가진다. 기본적으로 우리는 '머신'이나 '기계'라고 하면 반짝이는 금속과 톱니바퀴, 오일 냄새 등을 반사적으로 연상하지만, 어원이나 단어의 의미상 반드시 '기계'가 금속으로 이루어져 있을 필요는 없는 것이다. 정교하게 구성된 생명체도 기계가 될 수 있고, 체계적으로 작동하는 소프트웨어도 기계가 될 수 있으며, 이 책에서도 언급하듯이 인간으로 구성된 소셜 플랫폼조차 기계가 될 수 있다.

이런 '기계'가 인간의 창조물이라 해도 반드시 인간과 닮아 있어야 할 이유는 없다. 심지어 반드시 인간에게 익숙한 방식으로 작동해야 할 이유도 없다. 그리고 실제로 기계가 '인간이 이해할 수 없는' 방식으로 작동하는 것은 일종의 치트키가 될 만큼 강력한 기술적 돌파구가 된 아이디어였으며 현대 인공지능 기계의 핵심적 특징이 되었다. 그러나 이것은 현재 인공지능 분야에서 발생하고 있는 오남용 및 규제 등의 문제를 해결해야 하는 인간이 처한 딜레마의 원인이기도 하다.

이 책은 현대 인공지능 기계의 특성, 문제 그리고 이를 해결할 방법에 대한 아이디어를 매우 심도 있는 논의와 함께 제시한다. 인공지능에 관심을 가진 학생, 인공지능에 대한 규제를 연구하는 정책전문가 및 학자, 인공지능 분야에서 일하는 전문가, 인공지능에 대한 막연한 공포감이 있는 사람, 인공지능에 대한 막연한 낙관을 가진 사람 모두에게 도움이 될 것이다.

역자로서 좋은 내용의 책을 더 이해하기 쉬운 언어로 소개하기 위해 바친 지난 수개월간의 헌신이, 많은 사람이 '인간과는 다른' 오늘날의 인공지능 기계에 대한 이해의 수준을 한층 더 높일 수 있는 결과로 이어지기를 진심으로 바란다.

김정민

들어가며

인공지능은 이제 인간의 기술, 인프라 및 삶에 깊이 침투해 있다. 어떻게 이런 일이 가능해졌을까? 우리는 어떤 부분을, 어떤 이유로 걱정해야 할까? 그리고 지금 해야 할 일은 무엇일까?

저명한 인공지능 과학자인 저자는 이 책을 통해 인공지능의 기초 개념과 인공지능이 어떻게 사회를 바꾸고 있는지 설명한다. 오늘날 흔하게 볼 수 있는 인공지능을 쉽고 자세하게 설명하며, 최근 격동의 시기에 일어난 여러 사건을 연결하고 이해할 수 있는 새로운 서사를 부여하고, 앞으로 우리가 나아갈 길을 냉철하게 판단할 수 있도록 도와준다. 이 책은 누구나 쉽게 이해할 수 있으면서도 신중하게 작성한 10개의 장으로 구성되어 있다. 각 장에서는 인공지능에서 중요한 문제를 하나씩 파고들어간다.

특히 인공지능 기술을 뒷받침하는 과학적 개념에서부터 더 넓은 사회적 함의에 이르기까지, 여러 분야의 도구를 사용하여 통합적인 설명을 엮어내면서도 '~식'으로 끝나는 애매한 단어나 불필요한 추상적 표현은 되도록 사용하지 않았다. 가능한 한 실제 사례를 사용해서 이러한 기술을 창조한 사람들, 그리고 인공지능의 기술적 측면에서 유래해 현대사회 형성의 기반이 된 아이디어들을 독자에게 소개하고자 했다. 이 책은 지나친 열광적 반응이나 두려움을 부추기지 않으면서 앞으로 우리가 인공지능에 어떻게 접근해야 할지에 관한 실질적인 조언을 담고 있다. 이 책은 재미있고 적나라하면서도 매우 사려 깊게 인공지능의 숨겨진 원리를 적시하면서 동시에 인간의 존엄성을 위한 자리를 남겨둔다. 인공지능이나 기술, 아이디어의 역사에 관심이 있는 사람이라면 반드시 읽어야 할 책이다. 일반 독자들이 이 책을 읽고 나면 오늘날 인공지능이 실제로 어떻게 작동하는지, 그리고 우리가 이제 무엇을 해야 하는지에 관해 많은 정보를 얻을 수 있을 것이다.

프롤로그

열네 살 무렵의 나는 컴퓨터를 오래 붙잡고 있는 아이였는데, 그리 이상한 일은 아니었을 수도 있다. 이미 40여 년 전의 일인 데다가 이탈리아 시골 마을이었다는 점만 제외하면 말이다. 학교에서는 라틴어와 그리스어를 공부해야 했는데, 그해 겨울 내가 그리스어 문법 진도를 잘 따라잡지 못했기에 어머니는 근처 수녀원의 나이 든 신부님을 과외 선생님으로 붙여주었다. 돈 안토니오 신부님은 당시 거의 80세 정도 되신 분이었는데, 그분이 하시는 말씀을 전부 알아들을 수는 없었지만 적어도 수녀원이 내가 혼자 걸어서 갈 수 있는 곳이었기에 다녔다.

어느 날 신부님은 내가 왜 숙제를 해오지 못했는지 물으셨고, 나는 컴퓨터에 대해 설명해야 했다. 신부님은 신문에서 컴퓨터에 관한 내용을 많이 접했기에 바로 컴퓨터를 직접 보고 싶어 하셨고, 다음 날 우리 집까지 걸어서 오셨다. 시간은 좀 걸렸지만 말이다. 내 자그마한 싱클레어 ZX80을 본 신부님은 약간 실망하신 듯 보였다. 아마도 너무 작았기 때문일 것이다. 나는 당시 모니터로 사용했던 커다란 흑백 TV를 켰다. 평소처럼 5분 동안 부팅 과정을 거치고 나니 화면에 희미한 프롬프트 이미지가 떴다.

"알렉산더 대왕이 언제 태어났는지 물어보렴."

나는 컴퓨터가 그 질문에 대답할 방법을 모를 거라며 반대했지만, 신부님은 그래도 한번 시도는 해보라며 강하게 밀어붙였다. 신부님과 논쟁할 생각은 없었기에 베이직Basic 언어로 작성해야 할 명령어 부분에 그 질문을 이탈리아어로 그대로 입력했고, 결과는 당연하게도 '문법 오류SYNTAX ERROR'였다.

돈 안토니오 신부님은 내가 너무 잘 아는 짜증스러운 표정을 짓기 시작했고, 나는 "몇 가지 작업만 하면 컴퓨터가 이 질문에 대답하도록 프로그래밍할 수 있을 거예요"라고 말씀드렸다. 그러자 신부님은 어머니와 이야기하러 가셨다.

몇 분 후 나는 다시 신부님을 불렀고 이번에는 같은 질문을 입력하자 컴퓨터가 답을 스크린에 띄웠다. '기원전 356년'. 신부님은 오히려 더 짜증이 나신 듯했다.

기계의 반칙

"당연히 컴퓨터도 지금은 알겠지. 네가 방금 답을 알려주지 않았니."

나는 신부님께 컴퓨터가 스스로는 아무것도 모르기 때문에 인간이 모든 것을 알려주어야 하지만, 일단 알려주고 나면 기억하고 그에 대해 추론까지 할 수 있다고 설명했다. 하지만 신부님은 이미 그 기계에서 마음이 떠난 뒤였고 다음과 같은 말을 덧붙이셨다.

"이 물건은 절대 우리를 뛰어넘을 수 없을 거야."

그 말은 조금은 안심한 것처럼, 그러면서도 실망한 것처럼 들렸다.

하지만 과연 신부님의 말씀은 옳았을까? 방금 살펴본 사례가 인간의 피조물은 언제나 인간보다 열등할 것이라는 사실을 입증한 것일까? 그 일은 한동안 나를 고민하게 했다.

그로부터 약 30년 후인 2012년 여름, 내 아이들은 사촌들과 함께 그 나이 든 신부님이 나의 새 컴퓨터를 처음 보셨던 마을에서 그리 멀리 떨어지지 않은 바닷가에서 아이폰을 가지고 놀고 있었다. 아이들은 내가 기사로는 읽었지만 한번도 직접 본 적은 없었던 '시리'를 보여주면서 무엇이든 질문해보라고 했다.

"알렉산더 대왕은 언제 태어났지?" 이 질문은 내 기억의 잊힌 구석 한편에서 불현듯 튀어나왔다.

아이폰이 답했다. "알렉산더 대왕은 기원전 356년에 펠라^{Pella}에서 태어났어요."

차례

차례

10장. 금지가 아닌 규제

1장

지능의 탐구

지능intelligence이란 '인간적인 것'에 관한 문제가 아니라, 새로운 상황에서 효과적으로 행동할 수 있는 '능력'에 관한 문제다. 이 능력에는 두뇌가 필요하지 않으며 식물, 개미 군체, 심지어 소프트웨어에서도 지능을 찾아볼 수 있다. 서로 다른 에이전트agent(행위자)[01]들은 이러한 능력을 각기 다른 작업에서 다양한 수준으로 발휘한다. 지능을 판단하는 단 하나의 일반적 수단이나 비밀 공식, 테스트 방법은 존재하지 않는다. 모든 지능형 에이전트intelligent agent[02]에서 인간적인 특성을 찾아볼 수는 없으며, 웹 브라우저에서 접할 수 있는 지능을 연구할 때는 인간보다는 오히려 정원의 달팽이나 허브와 비교하는 편이 더 낫다.

1972년과 1973년, 미국 항공 우주국(NASA)은 궁극적으로 태양계를 떠날 파이어니어 탐사선 두 대를 발사했다.[03] 탐사선에는 탐사 장비들뿐만 아니라 천문학자 칼 세이건이 마련한, 우연히 해당 탐사선을 발견할 가능성이 있는 모든 형태의 외계 지능체에 보내는 '인류로부터의 메시지'도 함께 실렸다.

두 명의 인간, 태양계 지도, 수소 원자 개념도, 그 외 14개의 펄서[pulsar][04] 지도를 비롯한 상징적 그림들이 그려진 금속판이었다. 이 메시지를 준비한 의도는 외계 지능체에 그 기원과 작성자를 식별할 수 있게 하려는 것이었지만, 오늘날까지 인류는 어떠한 응답도 받지 못했다.

몇 년 후, 오랫동안 외계 지능체 탐사를 지지해왔던 칼 세이건은 런던 왕립 연구소에서 강연하면서 해당 주제에 관한 최신 연구 성과를 발표했다. 그에 따르면 외계 지능체는 지구에서 보낸 물체에 물리적으로 접근할 필요 없이, 31×31×31로 3차원 폴딩 처리된 31^3비트 시퀀스이자 포름알데히드 분자를 형상화한 이미지를 표현한 무선 신호만 수신해도 된다. 이 신호를 수신한 외계 지능체에게 해당 분자에 해당하는 무선 주파수를 청취해야 한다는 걸 알려줄 수 있다. 칼 세이건의 가설은 모든 외계 지능체가 어디에 있든지 우리와 같은 우주에서 진화했고, 같은 물리 법칙의 적용을 받았을 것이므로 이러한 개념을 이해할 수 있다는 것이었다.

칼 세이건은 이 가설을 테스트하기 위해 특별한 설명 없이 물리학 박사 과정의 학생 네 명에게 해당 메시지를 전달했고, 그들은 적어도 부분적으로나마 메시지를 해독해낼 수 있었다.

테스트 재현성의 가호 아래, 최근 필자는 같은 우주에서 진화했을 뿐만 아니라 진화 역사의 대부분을 공유했고, 심지어 같은 집에서 함께 성장한 내 고양이에게 똑같은 금속판과 무선 시퀀스를 모두 보여줌으로써 세이건의 실험을 재현하고자 했다. 하지만 이 책을 쓰고 있는 현재까지도 필자는 고양이에게 아무런 답장을 받지 못했다.

그렇지만 이 고양이는 매우 효과적으로 학습하고, 계획하고, 추론하며, 심지어 다른 고양이나 인간과 소통할 수도 있다. 자신이 원하는 것이 무엇인지를 알고, 그것을 얻을 수 있는 방법을 찾을 수 있으며, 필요하다면 쥐나 개뿐만 아니라 필자까지도 능가하는 지혜를 보여줄 수 있다.

칼 세이건의 계획에 뭔가 오류가 있었던 걸까?

⚓ 기대치 관리

무엇이 지능적인지 어떻게 알 수 있을까? 만약 칼 세이건의 메시지가 오늘날 지구의 대부분 지역이나 지구 역사의 특정 시기에 도달했더라도 아무도 관심을 보이지 않았을 것이다. 하지만 지능은 최초의 인간이 등장하거나 첫 번째 단어가 쓰이기 훨씬 전부터 이 행성에 존재했다. 육식 동물들은 무리 지어 사냥했고, 새들은 포식자로부터 도망쳤으며, 쥐들은 새의 알을 훔쳐 먹기 위해 새를 능가해야 했다. 개미 군체조차도 집을 짓기 이상적인 장소를 정할 때는 복잡하고 충분한 정보에 근거해 결정을 내렸다. 이런 것들이 지능을 보여주는 요소가 아닐까?

이 질문은 중요하다. 자신이 무엇을 찾고 있는지 모른다면, 막상 찾아내더라도 알아차리지 못할 수 있기 때문이다. 다른 형태의 지능을 연구할 때 중요한 문제 중 하나는 '인간과 근본적으로 다른 것을 정확히 상상하는' 것이다.

인간 중심적인 방식으로 이 질문에 마주한 사람이 칼 세이건뿐만은 아니다. 인공지능(AI)의 초기 개척자 중 일부는 프로토타입 형태로 그들의 목표를 입증하기 위해, 조지 폴리아George Polya의 유명한 수학 저서인 『어떻게 문제를 풀 것인가?』에서 영감을 받아 정리를 증명하는 알고리즘인 '논리 이론가Logic Theorist(LT)'라는 소프트웨어 도구를 만들었다. 노벨상 수상자 허버트 사이먼Herbert Simon도 소속되어 있었던 이 그룹은, 더 나아가 공리에서 정리의 단계에 이르는 추론을 위해 논리 기호들을 수정하는 프로그램인 '범용 문제 해결기General Problem Solver(GPS)'를 개발해 범용 지능의 한 형태로 제시했다. 이들이 말하는 메시지는 분명했다. 지능의 모든 유형 뒤에는 그것이 적용되는 특정 영역과 관계없이 항상 똑같은 요소가 파악하기 어려운 형태로 존재하며, 이 요소는 기호에 대한 형식적 추론reasoning과 관련이 있다는 것이다. 이 프로토타입들의 이름을 살펴보면 꽤 많은 것을 알아낼 수 있다.

다행히도 이러한 프로젝트가 '지능'이 무엇인지 포착하려는 유일한 시도는 아니었지만, 덕분에 이 프로그램의 문제 중 하나를 확인할 수 있다. 수학자들이 보통 '수학'을 지능의 정점으로 여기듯이, 인간은 '인간성'을 같은 방식으로 생각하는 경향이 있다는 점이다.

지능형 행동과 비지능형 행동 사이의 경계는 전형적으로 언어, 도구, 복잡한 계획 또는 공감 능력의 활용과 관련해 인간을 다른 동물과 구분하는 방식으로 묘사되곤 했다. 오늘날에도 인간 지능에 관한 테스트의 상당수는 시각적 패턴 인식과 언어를 다루는 능력을 기반으로 하는 만큼, 다른 동물에게는 적용하기 어렵다. 기계에 대해서도 마찬가지다. 수십 년 동안 기계 지능$^{machine\ intelligence}$에 관한 정의로 유일하게 인정받은 튜링 테스트는 인간 판정단이 대화 중 상대방이 인간이라고 생각하도록 속일 수 있는 컴퓨터에 관한 테스트다.

지능을 상상하는 방식에 대한 이러한 인간 중심적 선입견은 '외계^{alien}' 지능을 상상하고 조사하는 일을 더 어렵게 만든다. 여기서 '외계'란 지구 밖의 생명체와 같은 대상을 의미하는 게 아니라, 인간이 아닌 '이질적인 것'을 의미한다. 예를 들어 오징어, 식물 또는 개미 군체는 어떨까? 아니면 기계는 어떨까? 이 책에서는 이러한 대상의 지능을 모두 '외계 지능'으로 다룰 것이다.

외계 지능체와의 공감은 정말 어렵거나 심지어 불가능할 수도 있지만, 서로 전혀 다른 유형의 지능 체계에 우리의 선입견을 투사할 위험을 피하려면 바로 이러한 노력이 필요하다. 미래 인공지능 분야에서 가장 어려운 질문 중 하나는 '우리가 이해할 수 없는 것을, 우리가 만든 기계는 이해할 가능성'에 관한 것이 되리라 생각한다.

지능 정의

지능을 간단하게 정의하자면, 소속된 환경에서 작동할 수 있고 감각 정보를 사용해 의사 결정을 내릴 수 있는 모든 체계에 해당하는 에이전트의 행동이다. 특히 사람들은 자율 에이전트, 즉 스스로 결정을 내리는 에이전트와, 에이전트의 행동에 의해 부분적으로 영향을 받을 수 있는 환경에 관심이 많다.

정원에서 태어난 뒤 어느 방향으로 기어갈지 결정해야 하는 굶주리고 소심한 달팽이를 상상해보자. 달팽이의 행동은 자극에 반응하는 방식으로 생각할 수 있는데, 여기에는 무의식적 반사, 학습된 반응, 그리고 더 고등 동물의 경우 계산된 행동까지도 포함될 수 있다. 이러한 반응은 예를 들어 토끼가 여우를 보고 도망가기 시작하거나 여우가 토끼를 보고 침을 흘리는 것과 같은 어떠한 형태의 기대감을 암시한다. 경험에 따른 행동의 모든 변화가 바로 '학습learning'이다.

이 책에서는 비공식적으로 이러한 에이전트의 지능을 '새로운 상황을 포함한 다양한 국면에서 효과적으로 행동할 수 있는 능력'으로 정의하는데, 이는 다른 분야에서도 자주 찾아볼 수 있는 정의 방식이다. 예를 들면 경제학에서는 합리적인 에이전트를 '자신의 효용 극대화를 추구하는 것'으로 정의하며 사이버네틱스cybernetics(또는 인공두뇌학)에서는 '목표를 추구하는 행동'을 할 수 있는 에이전트를 연구한다. 1991년 미국 엔지니어인 제임스 앨버스James Albus는 지능을 '불확실한 환경에서 적절한 행동이 성공 확률을 높일 경우 적절하게 행동할 수 있는 체계의 능력'이라고 정의했다. 이 정의는 매우 쉬워서 기억하기 쉽다.

중요한 사실은, 운동선수를 뛰어나게 만드는 단 하나의 요소란 존재하지 않듯이 에이전트를 지능적으로 만드는 단 하나의 '특성 quality'이 있다고 가정하지 않는 것이다. 서로 다른 환경에서 활동하는 서로 다른 에이전트들은 경험해보지 못한 상황에서 효과적으로 행동하기 위해 다양한 생존 기법trick을 개발할 수 있다. 사실 '진화'를 통해 여러 생존 기법이 뒤섞인 깜짝주머니[05]가 만들어졌다고 상상하면 더 쉬운데, 각 생존 기법은 단일 유기체 내에서도 각각 새로운 능력을 추가한다.

물론 에이전트에 뇌, 언어 또는 의식이 있다고 가정할 필요는 없다. 하지만 에이전트마다 목표가 있고, 에이전트의 효과적인 행동은 그러한 목표를 달성할 가능성을 높인다고 가정해야 한다. 목적 중심purpose-driven(또는 목적 지향적purposeful) 행동이라는 개념은 지능형 에이전트의 초기 연구였던 사이버네틱스의 중요한 성과다. 예를 들면, 체스 게임에서 환경은 체스 규칙과 에이전트가 둔 수에 대응하는 상대방으로 표현되며, 에이전트의 목적은 체크메이트를 잡아 경기에서 승리하는 것이다. 진화생물학에서는 모든 유기체의 궁극적인 목표가 유전자의 생존이라고 가정한다.

목적 지향적 행동은 아리스토텔레스가 개체의 궁극적 목적, 또는 자발적 행위의 방향을 정의하기 위해 사용한 그리스어 '텔로스telos'에서 유래한 표현으로, 과학철학에서는 '텔레올로지컬teleological'하다고 표현하기도 한다. 특정 목표를 향해 일관되게 움직이는 에이전트는 그것이 무엇이든 간에 텔레올로지컬하다고 할 수 있다. 생명 활동에서 이러한 목표는 생존이나 재생산과 관련이 있어야 하지만, 다른 에이전트들은 완전히 다른 목표를 가질 수도 있다. 예를 들어 동영상 게임에서 점수를 얻거나 온라인 상점에서 수익을 극대화하는 것 등도 목표가 될 수 있다.

이를 전제한다면 에이전트에는 당연히 '신체body', 즉 환경과 상호작용할 수 있는 방법이 필요하며, 데카르트가 말한 '탈신체화된 disembodied' 지능은 (데카르트에게는 매우 미안하지만) 그다지 의미가 없다는 점에 주목해야 한다. 그러나 뒤에서 살펴볼 웹에서 작동하는 디지털 에이전트의 경우와 마찬가지로, 신체나 환경이 반드시 물리적으로 존재할 필요는 없다. 신체는 에이전트가 환경에 영향을 미치거나, 또는 영향을 받을 수 있게 해주는 것이기만 하면 어떤 형태이든 상관없다.

'지능'을 이전에 경험하지 못한 상황을 포함한 다양한 상황에서 에이전트가 목표를 추구하는 능력이라고 본다면, 포착하기는 어렵지만 분명히 존재하는 지능의 유일한 특성이라는 것이 굳이 존재할 필요가 없다. 따라서 연구자는 에이전트가 각자의 환경에서 목표를 효과적으로 달성하기 위해 어떤 '생존 기법'을 발휘하는지에 집중하여 지능형 체계를 자유롭게 분석할 수 있다.

에이전트의 목표와 환경 간 상호작용이 매우 강하게 밀착되어 있고 그 경계도 모호하기 때문에, 이 책에서는 이 두 가지를 결합한 '작업 환경'에 관해 이야기하는 경우가 많다. 예를 들면 '페트리 접시에서 포도당 분자 찾기' 또는 '온라인 고객에게 도서 판매하기' 등은 각각 박테리아와 알고리즘에 기본 규칙을 부과하는 특정 환경 내에서 달성해야 할 목표를 의미한다. 인간에게는 〈팩맨Pac-Man〉 게임에서 높은 점수를 얻는 일 또한 작업과 환경의 조합에 해당한다. 여기서는 이러한 조합을 '환경'이라고만 부를 것이며, 목표는 명확하고 고정되어 있는 반면, 환경은 여러 다양한 형태가 있을 수 있으므로 별도로 구체화되어야 한다고 가정한다. 에이전트가 다양한 환경에서 성공할 수 있는 능력이 있다면 그 에이전트가 강건robust하거나,

범용general이거나, 또는 문자 그대로 지능형intelligent이라고 볼 수 있다.

어떤 에이전트가 생존할 수 있는 환경의 공간은 여러 차원에 걸쳐 다양하게 존재할 수 있다. 예를 들면 새는 다른 날, 또는 다른 계절에 같은 정원에서, 또는 다른 정원에서, 심지어는 외떨어진 두 대륙에서 먹이를 구해야 할 수도 있다. 이 정도 폭의 범위에서 이동하려면 분명 뭔가 다른 기술들이 필요할 것이다.

어떤 철학자들에게는 지능이 특정한 자연적 퍼즐의 여러 구현 사례를 풀 수 있는 능력이지만, 다른 사람들에게는 새로운 유형의 퍼즐을 학습할 수 있는 능력에 관한 것이다. 하지만 이 두 가지 정의는 칼로 자르듯 양분되지 않는다. 우리는 앞으로 지능형 에이전트가 다양한 환경과 상황에 걸쳐 변화하는 데 있어 강건해야 한다는 사실을 충분히 깨닫게 될 것이다. '더 전문화된' 에이전트는 서로 유사한 작업 환경들을 잘 처리할 수 있으며, '더 광범위한' 에이전트는 더 다양한 작업 환경에 적응할 수 있다. 전자는 스페셜리스트specialist에 더 가깝고 후자는 제너럴리스트generalist에 더 가깝지만, 결국 정도의 문제일 뿐이다.

규칙에 따르는 세계

보통은 에이전트가 주어진 작업 환경에서 효율적으로 행동할 수 있어야 한다고 암묵적으로 가정하지만, 이것이 명백한 조건은 아니다.

적절한 종류의 열매를 쪼아 먹음으로써 혈당 수치를 높이려는 새를 생각해보자. 이것은 최선의 결정을 내리기 위해 감각 정보와 사전 경험을 잘 활용할 수 있는 기회다(그리고 바로 이러한 능력의 진화를 가능하게 하는 상황이다). 그러나 이러한 행동은 비슷하게

기계의 반칙

생긴 열매일수록 맛과 영양가도 비슷할 것이고, 새가 영양 성분과 관련 있는 색깔과 모양의 차이를 감지할 수 있으며, 그에 따라 행동할 수 있는 능력(즉, 결정을 실행하는 능력)이 있다는 암묵적인 가정에 근거한다. 만약 열매의 당 함량이 색깔과 완전히 무관하거나, 새가 색깔을 구별할 수 없거나, 어떤 열매를 먹어야 하는지 골라낼 수 있는 재주가 없다면 '지능적'이 되는 건 고사하고 그 능력을 다듬도록 하는 진화적 압력에도 별로 도움이 되지 않을 것이다.

목표 지향적 행동은 적어도 부분적으로나마 통제하고 관찰할 수 있는 환경에서만 의미가 있다. 제임스 앨버스의 말을 다시 빌리자면 '적절한 행동이 성공의 가능성을 높일 경우'를 말한다.

에이전트는 오직 '규칙적인' 환경에서만 미래를 예측할 수 있으며, 그러한 환경에서만 특정 상황에 대한 적절한 반응의 조합을 기억하는 게 의미가 있을 것이다. 이는 타고난 것이든 아니면 경험에서 배운 것이든 간에 이상적인 표^{table} 형태로 상상할 수 있다.

학습과 일반화의 배경이 되는 훨씬 더 강력한 가정은 '비슷한 행동을 하면 비슷한 결과를 초래할 것'이라는 가정이다. 이러한 규칙성 덕분에 에이전트는 유한한 지식을 바탕으로 이전에 마주한 적 없는 상황과 때로는 완전히 새로운 환경을 비롯해 무한한 변칙적인 상황을 다룰 수 있다.

이러한 조건은 완전히 무작위적인 환경에는 존재할 수 없으므로, 최소한 지능형 에이전트가 무작위적이지 않은, 또는 규칙에 따르는 세계에 존재한다고 가정해야 한다. 미약한 통계적 규칙성조차도 에이전트가 이용하기에 충분할 수 있으며, 경험에서 이러한 규칙성을 발견하는 것은 지능형 행동이 발현되는 방법의 하나다. 세상에서 어떤 질서를 발견하는 것은 목적 지향적 행동의 필수 조건이며, 이는 3장에서 더 논의할 것이다.

진화는 몇 가지 암묵적인 가정에 따라 일어날 수 있다. 즉, 환경은 규칙적이며, 그 유기체의 설계 방식과 일치하는 특정한 유형의 규칙성이 있다는 가정이다. 하나의 물웅덩이에 서로 다른 두 개의 박테리아가 살고 있다고 가정할 때, 환경 단서를 활용하는 방식에 아주 작은 차이만 있어도 복제 시간은 더 짧아지고, 결국 성장 차이가 기하급수적으로 벌어질 수 있다. 자연에서 관찰할 수 있는 유기체는 그들의 환경에 존재하는 특정한 규칙성에 대한 최선의 가정을 암묵적으로 포함한다.

🐿 생존 기법의 깜짝주머니

진화는 실용주의자라고 할 수 있다. 어떤 행동이 에이전트를 궁극적 목표로 이끄는 한, 그 행동이 어떻게 발현되는지는 중요하지 않다. 따라서 서로 다른 종에서 유사한 행동이 서로 다른 메커니즘을 통해 달성된다는 사실을 발견하는 건 놀라운 일이 아니다. 다시 말해 '지능'이라는 단일 특성보다는 지능형 행동 뒤에 여러 생존 기법이 숨어 있으리라 예상해야 한다. 생존 기법 중 일부는 매우 유용하고도 식별하기 쉬워 따로 고유의 명칭도 있다. 반사reflex, 계획planning, 추론reasoning, 학습learning 등이 그것이다.

앞에서 언급했듯이, 에이전트의 행동을 탐구하는 유용한 방법은 (비록 이상적이긴 하지만) 모든 가능한 자극이나 상황을 나열하고, 각 대응 행동의 조합을 나열한 표를 상상해보는 것이다. 설령 실제로는 이 조합이 특정한 메커니즘에 의해 수행되고 시간의 흐름에 따라 변화한다고 해도 마찬가지다. 그러면 반사는 자극과 반응의 고정된 쌍으로 상상할 수 있고, 학습은 경험에 따른 이러한 연결 쌍의 변화로 상상할 수 있다.

이 표를 실제로 구현하는 방식은 아주 다양할 수 있다. 예를 들면, 소프트웨어 에이전트는 주어진 자극에 대해 일반적으로 예상되는 효용성을 바탕으로 가능한 모든 대응을 평가하고, 그중 가장 유용하다고 판단되는 대응을 선택한다. 그러면 프로그래머는 가능한 모든 입력과 출력을 일일이 미리 생성해볼 필요가 없다. 이러한 기법은 추론이나 계획의 한 유형으로 표현할 수 있는데, 여기에는 환경 모델도 포함될 수 있다. 책과 고객에 대한 대략적인 설명을 바탕으로 각 고객에게 서로 다른 책을 추천하는 에이전트를 상상해보자. 한편, 박테리아는 화학 반응 경로를 기반으로 하는 완전히 다른 방식으로 환경에 대한 반응 방식을 선택할 것이다.

생체 에이전트, 즉 뇌가 존재한다는 특성을 지니는 에이전트가 어떻게 이런 일을 할 수 있는가의 문제는 꽤 인상적인 부제가 붙은 어느 유명한 저서의 핵심 주제였다. 1949년 신경심리학의 창시자인 도널드 헤브^{Donald Hebb}가 쓴 이 책은 『행동의 조직(The Organization of Behavior)』이라는 제목으로 출간[06]되었는데, 당시 표지에 붙은 부제는 '자극과 반응, 그리고 그사이 뇌에서 일어나는 일(Stimulus and Response, and what occurs in the brain in the interval between them)'이었다. 실제로 그사이 뇌에서 일어나는 일이 바로 심리학과 인공지능을 흥미로운 분야로 만드는 요소다. 반사, 계획, 추론 및 학습은 모두 에이전트가 복잡하고 변화하는 환경에서 목표를 추구하도록 돕는 생존 기법 레퍼토리의 일부다. 이들은 함께 상호작용함으로써 에이전트의 행동을 '지능적'으로 만드는 데 기여한다.

이후 3장에서는 예측이 때로는 과거 경험 데이터에서 발견한 패턴을 기반으로 이루어질 수 있다는 사실을 살펴본다. 이러한 패턴에는 예를 들어 온라인 상점 에이전트의 경우 사용자와 상품을 행동이 서로 유사한 '유형'으로 분류하는 작업, 경험을 일반화하고 압축하게 만드는 추상화 등이 포함될 수 있다. 거대한 행동 조합표를 간단한 공식이나 메커니즘으로 압축하는 방식은 소프트웨어 에이전트가 가능한 모든 상황을 일일이 따져보는 비효율적 작업을 피하면서도 학습할 수 있는 표준적인 방법이기도 하다.

통계적 패턴, 신경 경로, 화학 반응 등 무엇을 기반으로 했는가와 무관하게, 지능형 에이전트가 내리는 결정은 지각^{sentience}이나 언어와 관련될 필요도 없고 예술과 과학에 대한 안목도 필요 없다. 물론 인간은 이 모든 능력을 갖추고 있지만, 인간은 '표준'이라기보다는 '예외'적인 존재인 듯하다.

외계 지능

지능을 인간 중심적인 측면에서 상상한 사람은 칼 세이건뿐만이 아니었다. 이 분야의 선구자인 앨런 튜링$^{Alan\ Turing}$ 역시 1948년에 이러한 '편견'에 관해 경고했지만, 결국에는 똑같은 유혹의 희생자가 된 듯했다.

앨런 튜링은 출판된 적 없는 「지능을 가진 기계$^{Intelligent\ Machinery}$」라는 제목의 논문에서 "기계가 지능형 행동을 보여줄 수 있는지 탐구할 것을 제안"했다. 그리고 지능의 부여는 주관적 판단일 수 있다고 주장했다. 즉, 인간은 똑같은 행동을 기계가 아닌 인간이 수행할 때 '지능'에 의한 결과라고 판단하고 싶은 유혹에 빠질 수 있다는 것이다. 튜링은 이 점을 더 자세히 설명하기 위해 인간 판단자가 알고리즘과 인간을 상대로 체스를 두면서 어느 쪽이 인간인지 구분하기 어려워하는 상황을 가정한 가상의 테스트를 묘사했다. 그로부터 몇 년 후인 1950년에는 이러한 구조에 기반해 만들어진 그 유명한 '튜링 테스트'가 공개되었다. 이 테스트에서는 상호작용에 사용되는 게임 유형만 체스 경기에서 대화로 대체되었다.

공정하게 말하자면, 튜링은 이 논문에서 인간과 구분할 수 없는 특성이 지능의 필수 조건이라고 전제한 적이 없으며, 단지 충분 조건이라고 했을 뿐이다. 하지만 튜링은 인간을 지능의 전형적 모델로 내세움으로써 이 행성에 존재하는 수많은 다른 형태의 지능을 고려하지 않은 듯 보였고, 이 점에서 향후 많은 후배 연구자를 잘못된 길로 인도했을 수 있다. 몇 년 후, 컴퓨팅 분야의 선구자인 존 매카시John McCarthy는 1956년 열린 연구회의 투자 제안서에서 '인공지능artificial intelligence (AI)'이라는 용어를 제창했고, 바로 그 문서에서 "인간이 그렇게 행동한다면 지능적이라고 불릴 만한 행동을 기계가 하도록 만드는 것"이라고 정의했다.

기계 지능에 관한 논의에서 혼란을 초래했던 여러 근거 없는 믿음 중에서도 한 가지는 특히 음험하다. 인간이 일종의 만능형 지능을 '부여받았기' 때문에 인간의 능력을 넘어서는 정신적 능력은 자연적으로, 심지어 이론적으로도 존재하지 않는다는 것이다. 이러한 믿음은 사실상 종종 다른 모든 진화의 산물보다 인간의 두뇌가 더 우월하다고 가정하는 근거 없는 믿음과 맞물려 있다.

하지만 이러한 믿음 중 어느 것도 사실이라고 볼 이유가 없다. 인간의 정신적 능력은 실제로 경이롭고, 인간만이 해낼 수 있는 과제를 떠올리기도 아주 쉽다. IQ$^{intelligence\ quotient}$(지능 지수) 테스트만 보더라도 충분하지 않은가. 반면, 다른 에이전트는 할 수 있지만 인간은 할 수 없는 과제도 마찬가지로 쉽게 떠올릴 수 있다. 즉, 인간이 모든 인지적 작업에서 최고는 아니다.

인간의 두뇌는 인간의 작업 환경과 관련한 몇 가지 핵심 가설에 국한되는 능력을 가진다. 다시 말해 몇 가지 영역에만 전문화되어 있다. 인간은 물질^{object}, 에이전트, 기초 기하학, 직관적 인과 관계의 관점에서 사고하며, 이러한 예상 범위를 벗어난 과제가 주어지면 쓸모없어진다. 어떤 현상의 원인이 문자 그대로 단순히 존재하지 않거나, 또는 동떨어져 있거나, 간접적이거나, 분산되어 있다면 어떨까? 우리는 여전히 물질이 파동^{wave}으로 대체되고, 확정적 위치가 없으며, 모든 거시적 은유가 의미를 잃는 소립자 세계를 이해하는 데 어려움을 겪고 있다.

인간은 이 책의 뒷면에 있는 바코드를 비롯해 어떤 QR 코드도 읽을 수 없고, 데이터 세트$^{data\ set}$에서 다양한 패턴을 인식할 수도 없으며, 대량의 작업 메모리가 필요한 계산도 수행하지 못한다. 반면 이러한 모든 인지적 작업들은 기계라면 평범하게 해내는 일이다. 나아가 인간보다 시각적 기억 작업을 더 잘 수행하는 유인원들도 있고, 어떤 동물들은 더 빠른 반사 신경, 더 날카로운 감각, 더 뛰어난 기억력을 보여주기도 한다. 하지만 이러한 사례들은 매번 '실제 지능이 아니다'라며 무시당한다.

인간으로서는 개미 군체, 기계 또는 심해 생물의 지능처럼 인간의 지능과 완전히 다른 '외계' 지능을 무시하고 싶을 수 있다. 예를 들어보자. 문어는 어떻게 사고할까? 문어가 내리는 의사 결정의 일부는 중앙 기관에서 이루어지지만, 일부는 촉수를 통해 자율적으로 이루어지는 듯 보이기도 한다. 환경에 맞게, 또는 감정을 나타내기 위해 색깔을 바꾸는 것이 문어에게는 중요한 행동인 것처럼 보인다. 7억 년 전 인간과 가장 근접한 공통 조상이 존재했던 이 외계 지능체[07]를 우리는 과연 가깝게 여길 수 있을까?

그래도 이들은 외계 지능에 대한 가설을 시험하기에 아마 가장 좋은 대상일 것이다. 이때 가장 먼저 떠오르는 질문 중 하나는 다음과 같다. "인간이 모든 지능의 모델이 아니고, 심지어 모든 지능의 정점도 아니라면, 인간보다 '우월한' 다른 형태의 지능이 있을 수 있을까?"

이 질문의 문제점은, 두 에이전트 간에 사실상 비교할 수 있는 일차원적 특성(예를 들면 키 또는 체중)과 관련해 둘 중 어느 쪽이 더 높은 점수를 받을지를 묻는 질문이라는 것이다. 하지만 우리가 '지능'의 구현으로 간주하는 능력은 보통 다차원적이며, 서로 다른 에이전트들이 어떤 작업에서는 더 낫지만 또 어떤 작업에서는 더 서툴 것으로 보는 게 합리적이다.

이러한 오류 때문에 어떤 이들은 '범용 지능', 즉 종종 '보편적' 능력으로 풀이되는 지능의 존재를 상상하게 된다. 이 개념에는 다음과 같은 두 가지 문제점이 있다. 첫 번째, 지능은 다차원적이라는 점이다. 이는 운동 선수가 '뛰어날' 수 있는 방법이 여러 가지인 것과 마찬가지다. 마라톤 선수가 수영 선수나 사이클 선수보다 더 '뛰어나다'고 할 수 있을까? 두 번째, 지능형 에이전트의 행동은 다양한 범주의 상황에서 효과적일 것이 기대되는 만큼, 범용적이거나 강건하다는 특성이 지능형 에이전트의 정의 그 자체에 포함된다는 점이다.

동물이나 기계 모두를 통틀어 다양한 특정 작업에서 '인간을 능가하는' 초인간적 지능을 많이 발견할 수 있지만, 모든 작업에서 초인간적인 지능은 아예 찾아볼 수 없을 수도 있다. 다양한 보드게임과 동영상 게임에서 인간을 능가하는 소프트웨어 에이전트는 지금도 존재하며, 언젠가 이러한 에이전트가 인간을 능가하는 작업 영역을 넓혀가는 상황도 보게 될 수 있다. 소프트웨어 에이전트는 인간이 가치를 두는 대부분의 영역에서 인간을 충분히 능가할 수 있다. 그렇다고 해서 이들을 '보편적universal'인 지능으로 보기는 여전히 어렵지만, 만약 그런 때가 온다면 실제로 걱정하기 시작해야 할 수도 있다.

지능에 대한 인간 중심적 시각에서 멀어지면, 인간이 만든 기계의 지각이나 의식, 인간의 언어로 번역할 수 있는 언어의 자연적 출현, 에이전트와 인간의 관계성을 보여주는 부러움이나 두려움과 같은 정서적 특성을 기대해서는 안 된다. 이 모든 것은 우리가 진정으로 외계 지능을 상상할 능력이 없다는 방증일 뿐이다. 정원에 기어다니는 민달팽이 또는 스팸 필터에서 '프로메테우스적 반항'이나 '완전한 무관심'을 발견할 가능성이 차라리 더 높지 않을까?

이러한 기대는 가장 아래쪽에 올챙이가 있고, 반대편에는 인간이 있는 사다리형 그림으로 자연의 진화를 묘사하는 오래된 관념과 뿌리를 함께한다. 이러한 그림은 인간이 자연 진화 과정의 종착지라는 관념을 전제로 한다. 인간이 진화의 정점이 아닌 것처럼, 언어와 예술도 지능의 정점이 아니다.

인간이 만들어낸 지능적 물체에 기대해야 할 것은 인간에 대한 영향과는 무관하게, 단순한 목표를 끈기 있게 추구하고, 심지어 인간이 방해하더라도 그에 적응하면서, 경험을 통해 학습하고 수행 능력을 향상하는 능력이다. 이는 예를 들어 특정 에이전트가 더 많은 사용자의 클릭을 유도해 사용자 참여도를 높이라는 과제를 받았을 때 수행하는 일이기도 하다. 이러한 에이전트를 '추천 시스템recommender system'이라고 부르는데, 오늘날 어디서나 쉽게 볼 수 있는 사례인 만큼 이 책에서도 실제 사례로 활용할 것이다. 이들과 대화하려는 시도는 아무런 소용이 없다. 결국 이러한 에이전트는 내부에 인간을 닮은 인조인간이 있는 것도 아닌, 그저 아주 복잡한 자율 장치일 뿐이다.

결국 알고리즘은 레시피에 불과하다. 이 점을 이해하지 못하고 칼 세이건이 생각한 외계인이나 스탠리 큐브릭이 제시한 '생각하는 컴퓨터'를 계속 상상한다면 우리는 피조물과 공존하는 데 필요한 문화적 항체를 생성할 수 없을 것이다.

◦⃘ 코페르니쿠스적 전환

그렇다면 지능이란 무엇일까? 지능형 에이전트와 비지능형 에이전트 사이의 경계선에 대해 모든 사람을 만족시킬 수 있는 정의를 내리기란 영원히 불가능할 수도 있다. 사실은 그러한 정의가 필요한지부터 의문인데, 적어도 시급한 문제는 아닐 수 있다. 다양한 유형의 지능들을 보여주는 기계들을 계속 개발하다 보면 이 개념에 대한 이해가 높아질 가능성이 높다.

그러나 한 가지는 확실해 보인다. 지구 외부의 지능체에게 전달하고자 고안된 칼 세이건의 영리한 메시지는 (인간을 제외한다면) 지구상의 그 어떤 지능형 에이전트도 이해하지 못할 것이다. 그가 우주의 심연을 바라보는 대신 뒷마당을 살펴봤더라면 좋았을 것이다. 뒷마당에는 허브 화분을 아무리 멀리 치우더라도 굴하지 않고 집요하게 허브로 향하는 민달팽이, 햇볕이 잘 드는 자리를 찾아 끊임없이 경쟁하는 식물들, 먹이 찾기와 집 짓기에 관한 집단 결정을 내리기 위해 정보를 함께 모으는 개미 군체가 있다. 이러한 유형의 지능은 오늘날 사람들이 인공지능 분야에서 구축하고 있으며 법에 의한 규제가 요구되는 무언가와 가장 유사하다. 존재하지도 않는 더 높은 차원의 지각 능력을 가진 대상을 규제하려는 시도는 의미가 없다.

대부분의 생명체는 어떤 형태로든 자율적이면서 목적 지향적인 행동을 보여주며, 생득적인 목표와 감각 정보를 기반으로 정보에 입각한 결정을 계속해 내린다. 이들의 환경에 대한 통제력은 제한적이지만 추측, 학습 그리고 어떤 경우에는 추론과 계획 능력까지도 활용할 수 있을 만큼은 충분하다.

필자는 이 우주가 지능적 주체로 가득 차 있다고 합리적으로 확신한다. 그들 중 누구도 시^{poetry}나 소수$^{prime\ number}$에는 관심이 없지만, 모두 자신의 환경에서 찾아낸 규칙성을 이용해 목표를 더 잘 추구하고자 한다. 이를 지능형 행동으로 인식하는 것이야말로, 세상에 대한 올바른 이해를 방해하는 망상인 '인간이 모든 지능적 주체의 모델'이라는 생각에서 벗어나는 출발점이다. 우리는 오래된 '코페르니쿠스적 전환'[08]을 다시 한번 되새겨야 한다. 우주론이나 생물학에서와 마찬가지로, 우리 인간이 우주에서 특별한 위치를 차지하고 있다는 인상은 단지 시점에 따른 효과일 뿐이다.

이러한 전환을 통해 우리는 자유롭게 사고할 수 있다. 추천 엔진을 이용할 때마다 웹 브라우저에서 마주치게 되는 지능을 지능으로 인식하는 것에 그치지 않고, 인간이 만든 피조물에 기대하는 바를 완전히 새롭게 재설정할 수 있다. 그 무엇보다도, 이러한 생각의 전환이야말로 우리가 그들과 공존하려면 필수적이다.

2장
치트키

사물을 지능적으로 만드는 파악하기 어려운 특성을 정의하고 구현하고자 상당한 시간을 들여 노력한 끝에, 연구자들은 다양한 수단으로 '목적 지향적 행동'을 연구하고 생성하는 방법에 정착했다. 그 결과 자신의 환경에서 통계적 패턴을 활용하여 새롭고 다양한 상황에서 효과적으로 학습하고 행동하는 수많은 '자율 에이전트'가 개발되었고, 이제는 명시적인 행동 규칙 대신 대량의 훈련 데이터가 필요해졌다. 이러한 일종의 '치트키'는 머신러닝을 기반으로 새로운 기대치, 새로운 도구, 새로운 성공 사례들을 통합하는 인공지능 분야의 새로운 패러다임을 만들어냈다. 인공지능 에이전트의 대표 격으로 삼기에는 추천 시스템이 정리 증명기 theorem prover 보다 더 낫다. 인공지능의 새로운 언어는 더 이상 논리와 형식적 추론의 언어가 아닌, 확률과 수학적 최적화의 언어이다.

⛭ "언어전문가를 해고하라"

"언어전문가를 한 명 해고할 때마다 시스템 성능이 향상되었습니다." 프레더릭 옐리네크^{Frederick Jelinek}의 팀은 1988년까지 IBM에서 음성 인식과 기계 번역의 수많은 고질적 문제를 해결하는 성과를 거뒀다. 옐리네크가 어떤 콘퍼런스 연설에서 당당하게 이런 쓴소리를 할 수 있었던 것도 그 덕분이다.

정보 이론가로서 교육받은 옐리네크는 1970년대부터 자연어 처리 분야에서 다소 급진적이었던, 동일한 기술적 핵심 난제를 공유하는 두 가지 명백히 다른 문제를 해결하는 접근 방식에 집중해왔다. 다의성^{ambiguity}이 생길 수 있는 다양한 원인 때문에 음성 인식과 기계 번역의 결과물에는 다양한 경우의 수가 등장할 수 있지만, 대부분의 결과는 말이 되지 않으므로 인간이라면 쉽게 걸러낼 수 있다. 문제는, 무의미한 결과가 무엇이고 그럴듯한 결과는 무엇인지를 기계에 알려주기가 어렵다는 점이다.

음성 인식 알고리즘이 사용자의 말을 인식해서 자동 자막을 생성하는 상황을 상상해보자. 그 결과는 대부분 다음과 같은 식으로 출력될 수 있다.

"고양이를 그 그 그 소녀를 불렸 보며 그의 엄마도 그려서"

언어의 문법에 대한 아주 기초적인 지식만 있어도 이 문장이 비문이라는 것을 알 수 있고, 필요하다면 그 이유도 몇 가지 생각해낼 수 있다. 지시관형사는 반복해서 쓰이지 않고, 주격 조사가 있어야 할 자리에 목적격 조사가 와서는 안 되며, 동사와 보조용언은 서로 호응해야 하고, 동사의 시제도 일치해야 한다.

대부분의 연구자가 택한 방법은, 문법적 규칙을 활용하여 어떤 문장이 자막이나 번역으로서 '쓸 만한지'를 정의하는 방식이었다. 문제는 각 규칙마다 또 다른 규칙이 따라오고, 예외도 어마어마하게 많았기에 이러한 규칙을 아무리 많이 적용해도 충분한 수준에는 절대 도달할 수 없을 듯 보였다는 점이다. 문법은 점점 거대해졌지만 그 결과물은 여전히 엉망이었다.

프레더릭 옐리네크는 바로 이 문제를 해결하라는 임무를 받고 뉴욕 요크타운 하이츠에 있던 IBM의 연속 음성 인식continuous speech recognition 팀에 합류했다. 그의 접근 방식은 다른 사람들이 이미 작업한 결과물을 개선하여 점진적으로 발전시키는 식이 아니었다.

정보 이론 분야에서 쌓은 경험 덕분에 그는 '노이즈noise'로 오염된 메시지 재구축의 전문가였다. 따라서 약간의 대략적 통계 분석만으로도 메시지가 언제 심하게 오염되었는지를 파악할 수 있고, 나아가 이를 복구하는 데 어느 정도 도움을 줄 수도 있다는 사실을 알고 있었다. 모든 자연어에는 매우 안정적인 통계적 패턴이 있기 때문이다. 특정 철자의 선형적 전이 확률[01]은 여러 작성자와 도메인 사이에서도 일정하게 유지되며, 특정 단어나 구절들 간의 관계에서도 마찬가지다. 예를 들어 영어에서 연속으로 4개의 동사가 나오는 문장은 몇 개나 될 것이며 'once in a blue …'라는 문장을 완성할 방법은 또 얼마나 될까?[02]

옐리네크는 이러한 통계적 규칙성을 사용해 주어진 문장이 (심지어 이전에는 없었던 문장까지도 포함해) '자연스러운' 설정값 상태에서 발생할 확률을 근사치로 측정하는 방법을 개발했다. 그 결과 다소 부정확하긴 하지만, 실제로 발생할 확률이 낮은 번역이나 자막, 문장이 완성될 경우의 수를 자동으로 제거할 수 있었다. 결과가 증명하듯이, 가장 그럴듯한 후보를 찾아내는 접근 방법으로는 이 정도만으로도 충분할 때가 많다.

상황을 단순화하기 위해 더 쉬운 예시를 들어보자. 오늘날 모든 디지털 기기에서 찾아볼 수 있는 맞춤법 검사기 또는 자동 완성 기능을 떠올려보면 쉽다. 오타로 손상된 텍스트가 있다고 가정할 때, 이전에는 본 적 없는 단어(잠재적 오류)를 매우 빈번히 등장하는 단어 또는 비슷한 맥락에서 자주 등장하는 유사어로 대체함으로써 오류를 간단히 수정할 수 있다. 이러한 접근 방식은 문법을 모르거나 텍스트의 주제를 이해하지 못하더라도 상관없다. 필요한 것은 오직 대량의 문서 내 말뭉치들을 분석하여 얻어낼 수 있는 일반적인 유형의 통계 정보뿐이다. 이런 자료에는 적어도 수만 건의 문서와 수백만 개의 단어가 포함되어 있다. 여기에서 모든 단어의 목록과 빈도수뿐만 아니라 모든 2단어쌍과 3단어쌍을 추출해야 하고, 그로부터 문맥을 이용해 단어를 추측할 수 있다. 다시 말해 수백만 개의 구문과 그 빈도수를 추적해야 한다는 뜻이다.

문법을 배제하는 대신 데이터에서 추정한 수백만 개의 매개변수를 이용한다는 아이디어는 당시의 상식을 거스르는 것이었지만, 이것이 바로 옐리네크가 가졌던 직관력의 핵심이었다. 그는 자신만의 방식대로 일을 해나가는 데 익숙했다. 제2차 세계대전 후 미국에 정착한 체코슬로바키아 출신의 이민가정 자녀로서, 그는 부모님이 변호사가 되길 원했음에도 정보 이론을 공부했고, 프라하 출신의 반체제 운동가인 영화 제작자와 결혼했다.

이처럼 언어의 통계적 패턴을 이용하는 방식은 오타가 있는 단어에 대해 가장 그럴듯한 대체어를 제안할 때 쓰이는 경우와 마찬가지로, 음성 인식이나 텍스트 번역 과정에서도 가장 그럴듯한 결과물을 제안하기에 충분한 방식임이 입증되었다. 이러한 접근 방법은 상당히 범용적이다 보니 심지어 알바니아어에서 줄루어까지 연구자가 전혀 모르는 언어조차도 같은 방법으로 처리할 수 있다.

문제는 이러한 '패턴'을 이상적으로 보자면 수백만 건의 문서에서나 학습할 수 있는 수백만 개의 가능한 단어 조합 확률을 나열한 거대한 표로 나타내야 한다는 점이다. 그런데 이것이 바로 컴퓨터가 잘하는 일이자 목적이 아닌가? 1980년대 말까지만 해도 쓸 만한 자동 자막이나 번역을 만들어낼 수 있었던 것은 옐리네크가 개발한 시스템이 최초였고, 이러한 성공 사례에서 알고리즘은 자신이 처리하는 단어들의 의미를 전혀 인식하지 않고도 작동했다.

이런 작업은 본질적으로 통계적 성격을 띠므로, 자연어에 대한 구체적인 모델 생성의 필요성은 곧 대량의 훈련 데이터를 확보해야 할 필요성으로 대체됐다. 하지만 이 아이디어는 그저 언어 처리에만 국한되는 것은 아니었다. 옐리네크가 발견한 이러한 트레이드오프trade-off(대체 관계)는 이후 인공지능의 다른 분야의 발전까지 예고했다. 실제로 다른 영역에서도 이론적 이해를 통계적 패턴으로 대체할 수 있으며, 이 패턴은 대량의 데이터에서 확보할 수 있다.

문장에서 다음 단어를 추측할 수 있다면 장바구니에서 다음 품목을 예측하는 작업도 그렇게 어렵지 않을 것이다. 그리고 이걸 해낼 수 있다면 누군가가 다음에 보고 싶어 할 영화를 추측하는 것 역시 그렇게 어려운 이야기는 아니다. 아이디어의 핵심은 동일하다. 인간 행동의 사례들을 분석하고, 실질적으로 활용할 이론이 없는 영역에서 통계적 예측을 수행하는 것이다.

이러한 예측이 항상 성공할 수 있을까? 물론 그렇지는 않다. 이후 머신러닝 이론에서 유명해진 표현을 빌려 설명하자면, 그 예측은 기껏해야 '아마도 대략적으로 정확할 것probably approximately correct'에 가깝다. 하지만 현실의 수많은 문제는 이것만으로도 충분히 풀 수 있다. 그리고 바로 이 점이 해당 연구 분야가 어떻게 발전했는지 살펴볼 때 중요한 고려 사항이다. 1990년대에 이르러 프레더릭 옐리네크의 급진적인 아이디어는 자연어 처리 방식뿐만 아니라 인공지능에 대한 기대치까지 바꾸어놓았다. 그리고 이는 시작에 불과했다.

✄ 고전적 인공지능

"이 연구는 학습의 모든 측면 또는 지능의 다른 특징들을 이론적으로 정확하게 기술하고, 그것을 시뮬레이션할 기계를 만들 수 있다는 추측을 바탕으로 진행한다."

존 매카시는 '거짓 이름을 내세우는 것', 즉, 정보 이론이나 오토마타automata 이론[03]을 가장해 자신의 연구 자금을 조달하는 일에 지쳐 있었다. 1956년 그는 자신이 선택한 이름으로 대상을 부르기로 결심했고 '인공지능(AI)'이라는 용어를 만들어냈다.

이 문구가 처음 등장한 문서는 이후 전설로 남은 한 이벤트에 대한 제안서였다. 이 이벤트가 바로 1956년 열린 '다트머스 회의

Dartmouth Workshop'로, 기계 지능이라는 새로운 분야를 연구하는 대부분의 연구자가 모인 행사였다. 이 제안서에는 당시의 기본 원칙이었던, 지능의 모든 특징은 기계에서 구현될 수 있을 만큼 정확하게 표현하기 쉽다는 가설이 담겨 있다.

사실 이것이 불합리한 추정은 아니었다. 발사체의 탄도를 계산하려면 먼저 역학을 알아야 하고, 비행기의 날개를 설계하려면 먼저 공기역학을 이해해야 한다. 전통적으로 공학은 이런 식으로 작동했으며, 초기에 언어 처리 컴퓨터를 설계할 때 언어의 문법 규칙을 만들 언어전문가들이 채용된 이유이기도 하다.

이러한 직관적인 접근 방식은 그럴듯하기는 했지만, 시각이나 언어와 같은 명백히 단순한 현상에 대해 인간이 실제로는 아는 게 얼마나 없는지를 잘 보여주었다. 기계는 정리 증명을 할 수 있게 된 지 한참 후에야 고양이를 인식할 수 있게 되었으니 말이다.

이러한 한계는 1980년대에 일본과의 경쟁을 이유로 유럽과 미국에서 소위 '5세대 컴퓨터 시스템'에 대한 대규모 투자가 촉진되면서 가장 뚜렷하게 드러났다. 5세대 컴퓨터 시스템은 본질적으로 '지식 기반' 방식과 '논리적 추론' 규칙을 통해 문제에 관해 명시적으로 추론할 수 있도록 설계된 인공지능 시스템이다. 이러한 초기 인공지능 시스템은 정해진 영역에 특화되어 있었기에 '전문가 시스템 expert system'이라는 제품명을 단 채 화학, 의학, 정유 등 모든 종류의 응용 분야별로 개발되었다. 이러한 전문 분야에 관한 지식은 인간이 읽을 수 있는 기호로 명시적으로 표시되었고 논리를 사용해 처리되었다.

전문가 시스템을 미국에서 널리 알린 사람은 에드 파이겐바움Ed

Feigenbaum이었다. 지능형 기계는 현실에서의 언어 조작이나 로봇 제어, 이미지 해석 등 논리적 추론과 최종 결정에 필요한 상당한 수준의 선언적 지식declarative knowledge[04]이 없다면 작동할 수 없다는 믿음을 따른 유명한 컴퓨터과학자다. 그는 인간이 읽을 수 있는 사실과 규칙에 의존하는 이 방법을 인공지능의 '지식 기반 패러다임knowledge-based paradigm'이라고 불렀고, 또 다른 이들은 '기호식 인공지능symbolic AI'이라고 부르기도 했지만, 1985년 철학자 존 하우겔란John Haugeland은 단순히 '고전적 인공지능Good Old-Fashioned AI(고파이GOFAI)'이라고 했는데 정말 입에 착착 붙는 이름이다.

1980년대 중반까지 전문가 시스템은 어디에나 있었으며 인공지능과 거의 동의어였다. 주요 연구 활동은 현실에서의 문제를 이 프레임워크에 적용하고, 선언적 명제들을 포함하는 지식 베이스를 개발하며, 해당 지식을 결합하고 처리하는 데 도움이 되는 휴리스틱heuristic[05]을 개발하는 것이었다.

"와인에는 알코올이 들어 있다", "알코올은 위험할 수 있다"와 같은 수천 개의 명제를 나열하고 컴퓨터에 그 관계들을 해석하도록 요청한다고 상상해보자. 공공 투자, 언론 보도, 원대한 약속들에 힘입어 기대치는 치솟았다. 전문가 시스템의 연산 속도를 높이기 위해 리스프 머신LISP machine과 같은 전용 하드웨어[06]도 개발되었다.

당시 신문 헤드라인은 '인간 컴퓨터의 시대가 열리고 있다', '스마트한 기계들이 더 똑똑해지고 있다'와 같은 낙관적인 문구들을 실었으며, 미국에 기반을 둔 「전략 컴퓨팅 이니셔티브Strategic Computing Initiative」 계획의 문서는 목표 중 하나로 "인간처럼 듣고, 말하고, 사고할 수 있는" 컴퓨터 시스템을 꼽았다. 한편 1984년 『뉴욕 타임스』는 다음과 같은 내용의 기사를 실었다.

"컴퓨터 패권을 잡기 위한 국제적인 경쟁이 벌어지고 있다. […] 완전히 혁신적인 '5세대' 또는 '인공지능 컴퓨터'는 어느 정도 추론 능력을 갖추고 있고 평범한 사람들도 다룰 수 있을 만큼 간단하며 모든 문제들을 해결할 수 있을 것이다."

과잉 기대와 투자는 상승 효과를 일으켰고 궁극적으로는 기대 가능한 최고의 성공 가능성에 대한 희망을 보여주었다. 하지만 기술적 한계 때문에 대부분의 약속은 지켜지지 않았다.

프레더릭 옐리네크가 완전히 다른 기술 기반으로 접근했던 과제인 번역이나 음성 인식의 경우, 지식 기반 접근 방식에서는 구문분석기parser(파서), 형태 분석기, 사전, 문법이 필요했을 것이고, 그 모두가 일일이 정교한 규칙의 형태로 작성되어야 했을 것이며, 결국 해야 할 일이 끝도 없었을 것이다. 많은 이가 그저 언어전문가를 더 늘리는 게 해답이라고 생각했다.

이러한 현상은 현실 세계의 문제를 해결할 시스템을 개발하고 있던 모든 분야에서 동일하게 나타났고, 기계가 작동하는 데 필요한 규칙을 생성할 '지식 엔지니어knowledge engineer'라는 새로운 직무까지 등장했다. 연구자들은 현실 세계가 실제로 얼마나 불확실하고 애매모호한지 깨닫게 될수록, 그 대책으로 훨씬 더 복잡한 규칙과 예외들을 생성했다. 결국 전문가 시스템은 현실 세계의 불확실성을 다루기에는 너무 취약하고 유지 관리에 지나치게 많은 비용이 든다는 사실이 밝혀졌다. 게다가 수많은 응용 영역에서는 명확한 논리적 이론조차 없는 듯했다.

과잉 기대와 함께 투자가 확대된 지 수년이 지난 후, 당시의 인공지능 학회는 최대 규모로 성장했으며 연구원들은 언론인, 채용 담당자, 영업 사원들과 어울렸다. 이러한 기호식 인공지능과 전문가 시스템의 황금기는 1980년대의 대부분을 지배했으며, 1987년 역대 최고 수위를 기록했다. 같은 해 이탈리아 밀라노에서 열린 '인공지능 국제 공동 학회Intemational Joint Conference on AI(IJCAI−1987)'에서는 '수위'라는 표현이 비유로만 끝나지 않았던 것이, 수도관 파손으로 학회 장소가 침수되어 학회 진행이 중단되었기 때문이다.

상황이 바뀌고 있음을 암시한 첫 번째 신호는 기호식 인공지능 전용 하드웨어인 리스프 머신 시장의 붕괴였다. 이 취약하면서도 값비싼 시스템의 제한적인 사용성 때문에 투자가 줄어들기 시작했고, 결국 설레발 식으로 퍼졌던 과잉 기대를 따라잡지 못했다.

1988년 3월 『뉴욕 타임스』에 실린 「인공지능의 실패」라는 제목의 기사는 인공지능에 대한 투자자와 시장의 급변하는 변화를 '지켜지지 않은 약속'이라는 맥락에서 묘사한다.

> "[…] 이러한 실패는 인공지능이 기계로 하여금 영어를 이해하고, 사물을 인식하고, 인간 전문가처럼 추론할 수 있게 하겠다는 약속을 빠르게 이행하지 못했다는 사실에서 기인한다."

같은 해, 기호식 규칙 기반 인공지능에 퍼부어지던 대규모의 (공공 및 민간) 투자는 고갈되기 시작했다. 몇 가지 성공 사례는 남겼지만, 이전 수년간의 허세로 가득했던 화려한 약속에 비할 바는 아니었다.

1988년은 이 신흥 연구 분야의 조정기이자 반성기가 시작된 해였다. 펜실베이니아주 웨인에 위치한 웨인 호텔에서 옐리네크가 언어전문가 해고에 대해 농담했던 '자연어 처리 시스템 평가 학회'가

열렸고, 그가 최초의 기계 번역용 완전 통계식 시스템에 대한 설명을 공개했던 해이기도 하다.

주기 순환: 호황, 거품붕괴 그리고 겨울

인공지능 분야는 크고 작은 다양한 호황과 거품붕괴의 주기 순환을 경험해왔다. 기대치가 높아지는 시기 다음에는 투자가 축소되는 시기가 이어졌다. 이러한 변동성은 신기술 분야에서 드문 일이 아니지만, 특히 인공지능에서는 주기적으로 찾아오는 휴경기를 받아들이고 심지어 '겨울'이라는 명칭으로 부를 만큼 익숙해진 듯하다. '인공지능의 겨울$^{AI\ winter}$'이라는 용어는 원래 냉전 시대에 유명했던 '핵겨울$^{nuclear\ winter}$'이라는 용어에서 유래했는데, 지금은 덜 '극적'이고 나아가 주기적으로 투자가 축소되는 현상을 설명하는 데 자주 쓰인다. 리스프 머신 시장 붕괴 이후의 시기는 이제 '제2차 인공지능 겨울'로 알려져 있다.

겨울 시즌은 언론에 오르내리는 정도나 과도한 호언장담의 유혹을 조정할 수 있다는 측면에서 오히려 유익한 시기일 수 있다. 독불장군들에게는 이 분야가 덜 매력적으로 비치고, 저예산 환경에서도 성공할 수 있는 새로운 이론적 아이디어를 위한 시장이 창출되는 시기다. 1980년대 후반 시작된 제2차 겨울은 틈새시장에서 발전해오던 아이디어들에 공간을 내주었는데, 그중에는 패턴 인식에 대한 통계적 접근 방법과 초기 신경망 연구 등도 있었다. 이처럼 더 수학적이면서도 덜 야심 찬 방법들은 범용 지능에 준하는 문제를 해결하겠다는 허세 없이 산업적 용도를 위해 개발되었다. 이들 연구의 관심 대상은 손으로 쓴 숫자와 같은 간단한 이미지 인식이나 기업 데이터베이스에서의 문서 검색, 상거래에서의 데이터 분석 등이었다. 옐리네크의 번역 작업은 이러한 현실적인 과제를 해결하기 위해 통계를 활용하는 하나의 사례에 불과하다.

중요한 것은 이 시기에 '머신러닝'이라는 개념에 대한 학문적 관심이 높아졌다는 점인데, 처음에는 독립적으로 발전한 별도의 커뮤니티에서 시작되었다. 이후 신경계의 모델로 처음 제안된 신경망 훈련을 비롯해 데이터 분석용 의사 결정 트리 도출, 사례를 통해 논리 규칙을 학습하는 새로운 방법 등이 개발되었는데, 이는 전문가 시스템의 단점을 어느 정도 보완하려는 시도의 일환이기도 했다.

이 분야를 비롯해 여러 다른 분야가 1990년대 중반부터 통합되기 시작했고, 공통 이론 및 실험적인 실제 사례들로 발전하면서 마침내 통계, 최적화 이론 및 엄격한 성능 비교에 기반한 단일 연구 분야로 부상했다. 1990년대 말, 길었던 투자의 겨울이 끝나고 전문가 시스템의 기억이 희미해질 무렵, 새로운 세대의 인공지능 연구자들은 대규모 데이터에서 패턴을 추출하고 규칙을 학습하여 모델의 예측 능력을 엄격히 평가할 수 있는 완전히 새로운 도구와 방법을 갖추게 되었다. 이 연구자들은 현대 인공지능의 국제 공용어와 같은 역할을 하는 수학적 언어를 위한 토대를 마련했다. 이 언어는 여러 분야를 반영해 만들어졌으며, 기계가 제대로 일반화할 수 없는 많은 경우를 표현할 수 있다. 이들이 개발한 용어와 수학적 표기법은 오늘날 컴퓨터과학 분야 이외의 논문이나 특허에서도 찾아볼수 있다.

예를 들어보자. 지능형 에이전트가 결정 또는 예측하라는 요청을 받는 상황이나 대상은 '특징feature'으로 기술하고, '라벨label'로 주석을 붙이고, '훈련 세트training set'와 '테스트 세트test set'를 구분하며, 학습 결과는 '가설hypothesis'이라 부르고, 아주 까다로운 현상인 '과적합overfitting'(3장에서 설명)을 가장 큰 적으로 삼는다. 이 모든 개념과 용어, 그리고 그 배경이 되는 상대성 이론의 역사는 현대 머신러닝 분야를 탄생시킨 '대수렴great convergence'의 시대로 거슬러 올라간다.

이러한 수렴 현상은 매우 시의적절하게 일어났는데, 같은 시기에 인공지능 연구를 완전히 바꿔놓을 '월드 와이드 웹(WWW)'이 등장했기 때문이다. 이들의 결합은 운명이었다.

시애틀에서의 갈등

"친애하는 아마봇. 설령 당신에게 우리의 증오를 받아낼 마음이 존재한다 한들, 고마울 일은 전혀 없네요. 이 조잡하게 땜질한 깡통 같으니. 결국에는 살과 피로 이루어진 멋진 엉터리가 승리할 겁니다."

이 익명의 광고가 『시애틀 위클리』주간지에 게재되었던 1999년 당시, 아마존의 에디터 팀과 자동화 팀 사이에는 날카로운 긴장감이 감돌고 있었다. 이 광고는 새로운 온라인 쇼핑몰에서 진열대 역할을 담당하는 웹페이지를 채우던 인간 에디터의 업무를 대체하는 봇 소프트웨어인 아마봇Amabot을 저격했다. 수년에 걸쳐 부글부글 끓고 있던 갈등이 폭발한 것이다.

1990년대 후반, 온라인 쇼핑몰 아마존Amazon은 미국 내에서만 운영되던 사업 규모를 키워 '지구상 가장 큰 서점'으로 거듭나기 시작했다. 1997년 또는 1998년까지의 1차 변혁기에 아마존은 뉴욕 시에서 발행되는 잡지 『뉴욕 리뷰 오브 북스The New York Review of Books』에서 영감을 받아, 수십 명으로 구성된 유능한 에디터 팀을 활용해 '더 보이스 오브 아마존the voice of Amazon'이라는 문학적 스타일을 지향하는 고품질 리뷰를 작성했다. 하지만 이러한 접근 방식으로는 회사의 급격한 성장 속도를 따라잡기 어려웠다. 실제로 한 전직 리뷰어는 주당 15권의 비소설 책을 소화했다고 밝힌 바 있다. 얼마 뒤 아마존의 관리자들은 아마존이 훨씬 많은 국가를 지원할 수 있도록 상품 목록을 급격히 확장해나가는 가운데 음악과 영화까지 취급하면서, 이러한 접근 방식을 더는 유지할 수 없다는 사실을 깨달았다. 이 모든 상황은 아마존이 도서 추천을 위한 자동화 시스템, 즉 나중에 개인화된 추천 시스템으로까지 발전할 실험을 시작하면서 바뀌었다.

아마존 창업자인 제프 베이조스Jeff Bezos는 규모의 확대야말로 온라인 쇼핑이라는 미개척 사업의 핵심이라는 사실을 처음으로 발견한 사람 중 하나였으며, 따라서 아마존에서의 자동화에 대한 열정은 진심이었다. 한편, 자동화된 추천은 여러 방식으로 이루어질 수 있으며, 단순한 베스트셀러 목록만으로도 가능하다. 그러나 곧 아마존은 '고객 한 명당 하나의 쇼핑몰'이라는 베이조스의 '과격한' 아이디어를 따르면서 개인화에 집중하기 시작했다. 이는 작지만 의미 있는 변화로, 그 결과 리뷰에서 추천으로 초점을 옮기게 되었으며 아마존의 자동화 및 개인화 팀은 후보 알고리즘과 방법들을 테스트하는 임무를 맡게 되었다.

추천 에이전트는 보통 특정 사용자가 관심을 가질 가능성이 가장 높은 상품을 찾는 작업을 수행한다. 추천을 자동화하기 위한 첫 번째 시도는 사용자가 자신의 독서 선호도에 대한 설문지를 작성하도록 해서 고객 프로필을 생성하고, '유사한 고객'이 구매했던 책을 추천해주는 '북매처Bookmatcher'라는 기술에 기반을 둔 것이었다.

이 시점까지는 에디터 팀이 크게 걱정할 일이 없었지만 곧 상황이 바뀌게 된다. 1998년 개인화 팀의 연구원 게리 린든Gary Linden과 동료들은 새로운 알고리즘을 개발했다. 그들은 유사한 사용자를 프로파일링하여 찾는 대신 사용자들의 과거 거래 데이터베이스를 분석함으로써 유사한 제품을 직접 찾을 수 있다고 생각했다. 유사한 제품들은 기본적으로 같은 사람이 구매하는 경향이 있으며, 이러한 정보를 미리 처리하고 주기적으로 업데이트함으로써 고객이 쇼핑을 시작할 때 추천 제품을 알려줄 수 있다.

추천 시스템에 대한 이러한 접근 방식을 '상품 기반 협업 필터링item-based collaborative filtering'이라고 부른다. 웹 시대 이전에 데이브 골드버그Dave Goldberg가 원치 않는 이메일을 필터링하는 방법을 어떤 사용자들이 그런 이메일에 반응하는지에 기반하여 고안해낸 것으로, 모든 사용자가 시스템을 사용하는 것만으로도(때로는 은연중에) 협력하게 되는 방식을 고안한 것에 대한 찬사의 의미로 붙여진 이름이다. 이 방법은 이 장의 뒷부분에서 다시 설명한다.

이 시스템은 사람들에게 그들이 무엇을 생각하거나 원하는지를 묻는 대신, 그들을 비롯한 수백만 명의 다른 사람이 실제로 한 행동에 근거하여 작동했다. 이 방법을 테스트한 성과는 분명했다. 고객들은 인간이 작성한 리뷰를 따르기보다는 개인화된 추천에 따라 더 많은 책을 구입했고, 이를 통해 알고리즘을 사용하여 다양한 웹페이지에 표시될 콘텐츠를 선택할 수 있었다. 이러한 알고리즘들을 총칭하여 '아마봇'이라고 불렀고, 개인화 팀의 로고도 로봇의 이미지를 형상화한 것이었다. 이 '로봇'의 훌륭한 실적은 그동안 '더 보이스 오브 아마존'을 공들여 개발해왔던 작지만 뛰어난 인간 에디터 팀의 운명을 결정지었다.

이때가 바로 『시애틀 위클리』에 그 익명 광고가 등장한 시점이다. 이 사건은 10년 전 IBM에서 옐리네크와 언어전문가들 사이에서 벌어진 것과 같은 '문화 전쟁'의 일환으로 볼 수 있으며, 이후에도 다양한 형태로 계속 되풀이될(그리고 이 책의 다음 장에서도 다시 만나게 될) 갈등이기도 했다.

아마존의 에디터 팀이 자동 추천 소프트웨어에 맞서 경쟁자를 따라잡기 위해 고군분투하는 동안, 개인화 팀은 기계와 경쟁해 승리했지만 그후 탈진으로 지쳐 사망한 전설적인 철도 노동자 존 헨리John Henry에 대한 민담 관련 내용을 벽에 붙여놓았다. 포스터에는 "사람들은 기억하지 못하지만 존 헨리는 결국 죽어버렸다"라고 적혀 있었다.

1999년 말, 개인화와 머신러닝에 대한 의존도가 높아지면서 매출은 계속 증가하는 반면 에디터들은 단계적으로 밀려났다. 아마존이 개발한 새로운 알고리즘은 고객이 어떤 제품을 구매할 가능성이 높은지를 추측할 수 있었다. 자율 에이전트의 언어로 표현하자면, 아마봇은 자신의 목표를 효과적으로 달성하기 위해 가능한 선택지들의 결과를 예측할 수 있었다. 그 환경은 인간 고객들에 의해 형성되거나, 최소한 인간 고객들이 그 환경에 존재했다.

이러한 에이전트의 행동은 고객 또는 책의 내용에 대한 명시적 규칙이나 이해에 기반하지 않았다. 그 대신 과거의 거래 데이터베이스에서 발견된 통계적 패턴을 이용했다. 에이전트의 '행동 표'는 가능한 각 상황에 들어맞는 올바른 조치들의 목록을 완벽하게 나열해서 만들어진 게 아니었고, 명시적인 규칙에 따른 추론으로 만들어진 것도 아니었다. 다만 이 두 극단 사이의 영역을 탐색함으로써 이전의 경험을 바탕으로 새로운 상황에서 효과적인 결정을 내릴 수 있었다. 에이전트도 매출 증대라는 목표를 추구했지만 인간과는 다른 방식으로 수행했고, 이론이 존재하지 않는 영역에서도 합리적으로 행동할 수 있었다.

이 접근 방법의 기반이 된 핵심 아이디어는 '인간 행동에는 학습하고 이용할 수 있는 신뢰할 만한 패턴이 존재한다'는 것이며, 이 명제는 오늘날 많은 자동화 시스템의 기반이 되고 있다. 이 방법을 사용하면 한편으로는 사용자들에게 질문할 필요가 없어지지만, 또 한편으로는 사용자를 관찰해야 할 필요성이 생긴다. 우리는 이러한 방식으로 동영상, 음악, 뉴스 등을 개인 맞춤형으로 추천받는데, 이는 파이겐바움보다는 옐리네크의 아이디어에 훨씬 더 가까운 방식이다. 추천 시스템은 이제 온라인에서 가장 흔하게 접할 수 있는 유형의 지능형 에이전트다.

⸝⸝ 패러다임 전환

1990년대 후반 아마존에서 일어난 사건은 웹이 지능적 소프트웨어 에이전트가 상호작용할 수 있는 유용한 환경이 될 수 있음을 보여주었고, 다른 비즈니스에 대해서도 이러한 상호작용을 활용할 수 있는 유의미한 모델을 제공했다. 사용자 행동에 대한 정보를 수집하고, 아마존에서 사용한 것과 같은 알고리즘을 적용해 해당 정보의 통계적 패턴을 활용하며, 이를 바탕으로 의사 결정을 내리기만 하면 되었다.

웹 인프라에서는 에이전트가 환경을 감지하면서 동시에 필요한 작업(이 경우에는 추천 작업)을 수행할 수 있다. 이는 새로운 상황에서 효과적인 행동을 취할 수 있는 목표 지향적 행동, 즉 '지능형'이라고 부를 만한 행동이다. 이러한 아이디어의 성공은 새로운 비즈니스 모델뿐만 아니라 새로운 과학적 패러다임까지 창출했다.

과학과 기술의 역사는 철학자 토머스 쿤이 '패러다임paradigm'이라고 불렀던 이러한 성공 사례들로 형성된다. 쿤은 다양한 과학 분야의 역사적 '궤적'을 연구하는 과정에서 그러한 역사가 완만하고 지속적인 성장이 아닌, 급격한 가속과 전환에 의해 이루어진다는 사실을 발견했다. 그리고 이러한 궤적에서 서로 다른 두 가지 '상태mode'를 확인했는데, 하나는 그가 '정상과학'이라고 명명한 상태이고 다른 하나는 '패러다임 전환' 상태이다.

쿤의 핵심 아이디어는 '과학적 패러다임'이 특정 과학 영역의 종사자들이 가지는 일련의 명백한 신념 이상의 무엇인가에 의해 형성된다는 것이다. 여기에는 연구 목표와 이를 추구하는 적절한 방법, 그리고 무엇이 유효한 해결책이고 무엇이 합당한 문제인지 등에 대한 암묵적인 신념도 포함된다. 이러한 신념은 종종 학생들에게 '역할 모델'이 되는 중요한 사례나 이야기의 형태로 전해지고는 한다. 이 사례들을 바로 패러다임이라고 부르며, 모든 일하는 방식의 특징을 결정한다.

물리학의 역사에서는 예를 들어 뉴턴 역학에서 양자역학으로의 전환과 같은 다양한 패러다임 전환을 볼 수 있는데, 이는 성공의 모습에 대한 새로운 기대치의 등장을 수반한 변화였다. 뉴턴 역학의 예시는 진자 문제와 같은 과제의 해결법이고, 양자역학의 예시는 오직 확률론적 예측만을 목표로 삼을 수 있는 수소 원자 모델링이다. 이러한 유형의 대단한 성공 사례들은 향후 연구의 모델 역할을 하는 효과를 가져온다. '정상과학'의 시기에 연구자들은 당시의 패러다임 내에서 성과를 도출하고 다듬지만, 아주 가끔 어떤 일이 발생해 패러다임 자체가 바뀌면, 전체 과학계의 언어와 목표까지 바뀌게 된다. 이것이 바로 세기의 전환기에 인공지능 업계에 일어난 사건이다.

⚜ 인공지능 역사에 등장한 세 가지 치트키

2000년 3월, 닷컴 거품이 꺼진 시기의 강력한 생존 기업 중 하나는 구글이었다. 구글은 이후 '데이터 기반 인공지능'으로 알려진 새로운 패러다임을 심장부에 이미 통합했으며 웹 검색의 기본 선택지로 떠오르고 있었다. 구글은 인공지능 분야의 지배적인 기업이 되었으며, 이 새로운 기술의 범주에 속하면서도 수익성이 높은 일련의 기술적 문제들을 식별 또는 해결함으로써 다른 기업이나 대학의 연구 의제까지도 함께 설정하려 했다.

구글이 수년에 걸쳐 자사의 제품에 도입한 많은 혁신 중에는 수십 종류의 언어 간 기계 번역, 검색어(쿼리) 자동 완성 및 자동 수정, 음성 검색, 콘텐츠 기반 이미지 검색, 위치 인식 검색, 그리고 무엇보다도 중요한 '고도화된 개인화 광고'가 포함되어 있다. 이 광고는 아마존에서 시작된 것을 훨씬 뛰어넘는 것으로, 대부분의 연구 비용을 뒷받침한 기술이기도 하다. 2009년에는 구글 및 유사 기업들을 중심으로 완전히 새로운 문화가 형성되었고, 같은 해 구글의 한 선임 연구원 그룹은 이러한 문화를 이루는 사고방식의 선언문이 된 논문을 공개했다. 1960년 유진 위그너^{Eugene Wigner}가 수학의 힘에 관해 작성한 고전적인 논문의 제목에서 이름을 따온 이 논문의 제목은 「데이터의 비합리적 효율성」이었다.⁰⁷

이 논문은 지능형 행동에 필요한 정보를 제공하는 데이터의 위력을 칭송하고, 실무에서 이미 상식으로 받아들여진 내용들을 새로운 인공지능의 기본 설계도라 볼 수 있는 코드로 구현했다. 특히 지능형 에이전트의 행동에 필요한 정보를 제공하는 것은 모델이나 규칙이 아니라 데이터여야 한다는 점을 강조하기 위해 다음과 같은 매우 인상적인 구절을 포함한다.

"단순한 모델과 대규모 데이터가, 소규모 데이터 기반의 더 정교한 모델보다 우선한다."

게다가 다음과 같은 문장도 있다.

"[아마도…] 우리는 매우 고상한 이론을 만들어내는 것이 목표인 양 행동하는 걸 멈추고, 대신 복잡성을 받아들이고 우리가 가진 최고의 아군인 '데이터의 비합리적 효율성'을 활용해야 한다."

전문가 시스템의 전성기 이후 20년 이상 지난 때였고 실제로도 그렇게 느껴졌다. 이 접근 방식은 이론이 존재하지 않는 영역에서 작동하도록 고안되었으며, 그 자리를 머신러닝이 대체하도록 했다. 이 논문은 프레더릭 옐리네크를 직접 언급하지는 않았지만 그의 존재감은 여기저기서 느낄 수 있다. 예를 들면 다음과 같이 기술하면서, 이것이 가능했던 이유는 전적으로 데이터를 효과적으로 사용한 덕분이라고 설명한다.

"자연어 관련 머신러닝의 가장 큰 성과는 통계적 음성 인식과 통계적 기계 번역이었다."

이론적 모델을 데이터에서 발견한 패턴으로 대체하는 것은 지능형 기계에 도달하는 첫 번째 치트키였으며 옐리네크와 아마존 모두 이를 찾아냈다. 이론을 데이터로 대체하는 이 같은 방법의 한 가지 분명한 문제는 바로 필요한 데이터를 찾아내는 것인데, 그 자체로 이론을 수립하는 것만큼이나 어렵고 비용이 많이 드는 과제가 될 수 있다.

이 논문의 저자들은 그에 대한 해답을 제시한다. 이미 '야생'에 존재하는 데이터, 즉 다른 프로세스의 부산물로 생성된 데이터를 사용하는 것이었다. 그들은 이를 다음과 같이 설명했다.

> "[…] 우리가 자동화하고자 하는 입출력 조작의 대규모 훈련 세트는 야생에서 구할 수 있다. […] 웹 규모의 학습에서 얻을 수 있었던 첫 번째 교훈은, 실제로 구할 수 없는 주석이 달린 데이터를 찾으려 하기보다는 차라리 구할 수 있는 데이터를 사용하는 게 낫다는 것이다."

이 두 번째 치트키는 아마존에서 어떤 책들이 서로 유사한지 발견하기 위해 판매 데이터 세트의 용도를 재정의할 때 사용했던 바로 그 방법으로, 인공지능에 일종의 '무임 승차'와 같은 것을 도입해 이론적 모델과 고비용 데이터를 한꺼번에 대체했다.

때로는 사용자 피드백을 통해 데이터에 주석을 추가하는 단계가 필요하다. 에이전트는 사용자가 원하는 것을 어떻게 알 수 있을까? ('북매처'에서 시도했던 것처럼) 사용자에게 설문지 작성을 요청하는 대신, 그저 사용자의 행동을 관찰하고 그로부터 의도와 선호도를 추론하는 방식이 일반화되었다. 예를 들어 정보 추출 작업에서 사용자는 선택할 수 있는 일련의 뉴스 기사나 동영상들을 제시받으며, 선택한 결과는 사용자의 선호도를 나타내는 측정 기준으

기계의 반칙

로 기록된다.

이 세 번째 치트키 역시 같은 시기에 여러 번 제안되었는데, 예를 들어 1996년에 작성된 어떤 기사에 따르면 다음과 같다.

"우리는 사용자가 어떤 검색 결과가 좋았고 어떤 검색 결과가 별로였는지에 관한 명시적 피드백을 우리에게 제공할 필요가 없도록 설계 결정을 내렸다. 대신 그냥 사람들이 어떤 검색 결과를 따르는지를 기록한다. 사용자는 각 검색 결과의 자세한 초록을 볼 수 있기 때문에, 각 사용자가 클릭한 검색 결과는 의미 있을 가능성이 높다고 믿는다."

'암묵적 피드백implicit feedback'이라는 표현의 기원은 적어도 1992년까지 거슬러 올라간다. 같은 해 데이브 골드버그는 협업형 이메일 필터링에 대한 선구적인 업적에서 이 표현을 사용했다. 그는 '독자들이 읽은 문서에 대한 반응, 예를 들어 어떤 문서가 특히 흥미로웠는지, 또는 흥미롭지 않았는지 등을 기록함으로써' 서로 다른 독자들이 간접적으로 협력하여 스팸을 필터링할 수 있다고 설명한 뒤에 다음과 같은 문장을 덧붙였다.

"사용자가 어떤 문서에 대해 답장을 보냈다는 사실과 같은, 사용자들의 암묵적 피드백 역시 활용할 수 있다."

아이디어란 때때로 시대를 너무 앞서서 등장하기 때문에 다른 사람들이 이를 따라잡을 때까지 기다려야 한다.

지능형 행동을 설계하는 이러한 방식은 설명하기보다 예시를 드는 편이 더 나은 사례 중 하나다. 컴퓨터가 재미있는 농담이나 받고 싶지 않은 이메일을 인식하도록 프로그래밍해야 한다고 상상해보자. 확실한 규칙이 있을 가능성은 거의 없는 반면, 예시를 제공하는 것은 쉬울 수 있다. 물론 사용자는 정보를 제공해달라는 직접적 요청에는 잘 응하지 않으므로(우리가 보통 쿠키 활용 요청 팝업에 어떻게 반응하는지 생각해보자), 그냥 사용자들의 행동을 관찰하는 식으로 학습하는 편이 합리적이다. 이런 방법은 직접 관찰할 수는 없지만 실제로 사용하려는 진짜 신호, 예를 들면 사용자 선호도 등을 대신해 관찰 가능한 '대리인'을 활용하는 것에 비유할 수 있는데, 지능형 에이전트 설계에서 실제로 널리 쓰이는 방식이 되었다.

🎛 새로운 인공지능으로

에드 파이겐바움의 '논리적' 인공지능이 '킬러 애플리케이션'의 만성적 부재로 어려움을 겪던 상황에서, 세 명의 구글 연구원이 작성한 이 선언문은 엄청난 영향력을 발휘할 수 있는 입장에서 공개된 것이었다. 구글이 전자상거래는 물론이고 인공지능 시장의 선두 주자가 될 수 있었던 실제 방법론을 다루고 있었기 때문이다.

같은 해인 2009년 프레더릭 옐리네크가 국제전산언어협회 Association for Computational Linguistics에서 공로상을 받았는데, 이 시점에 이르러서는 설계의 성공에 대한 정의 자체에 뭔가 큰 변화가 일어났다는 사실을 그 누구도 모를 수가 없었다.

25년 전, 에드 파이겐바움이 지능형 행동은 선언적 지식 기반으로 논리적 추론을 수행함으로써 나타난다고 주장했을 때만 해도, 뛰어난 인공지능의 예시는 정리 증명 알고리즘 또는 전문 영역 내에서 가장 기본적 원칙들을 통해 의학적 진단을 수행하도록 설계된 알고리즘이었다. 이러한 역사적 전통 내에서는 기계 번역을 개선하려면 추론 엔진의 논증 과정에서 무언가 추가 정보를 더할 수 있는 획기적인 언어학적 이해의 발전이 있었어야 했을 것이다.

이것이 바로 과학적 패러다임의 변화다. 이 선언문이 공개되었을 무렵, 투자자와 학생들은 '고전적' 인공지능의 킬러 애플리케이션 부족과 데이터 기반 진영에서 나오는 풍부한 결과물을 쉽게 대조할 수 있었다. 언어 처리에서부터 어디서나 볼 수 있는 추천 시스템에 이르기까지 모든 성공 사례가 데이터에서 학습된 패턴을 활용하고 있었다. 새로운 세대의 연구자들은 데이터를 쉽게 구할 수 있는 세상, '통계적 머신러닝'이 지능형 행동 또는 최소한 한 가지 특정 유형의 행동을 만들어내는 선택지 중 하나가 된 세상에서 성장했다. 그리고 그 결과 대학에서 가르치는 인공지능 과목의 내용도 바뀌고 있었다.

◦⟨ 바프닉의 법칙과 새로운 사고방식

1990년, 통계학자인 블라디미르 바프닉Vladimir Vapnik은 모스크바의 제어과학 연구소the Institute of Control Science를 떠나 미국 뉴저지로 이사해 명문 ATT 연구소에 합류했다. 머신러닝 이론에 대한 그의 연구는 1970년대부터 시작됐지만, 서구 컴퓨터 과학자들이 알고리즘 학습에 관한 일반 이론에 집중하기 시작하면서부터 이들 사이에서 영향력을 발휘하기 시작했다. 바프닉은 오늘날까지도 기계에 가해지는 변화가 성능에 미칠 영향을 이해하는 데 사용되는, 학습하는 기계에 관한 심층적 수학 이론뿐만 아니라, 당시의 기술 발전과도 잘 어울리는 태도까지 함께 가져왔다.

그의 접근 방식은 알고리즘이 데이터와 그 규칙성을 생성하는 숨겨진 메커니즘을 얼마나 잘 식별할 수 있는지에 관해서는 묻지 않고, 대신 다음과 같은 질문을 던진다. 훈련 데이터 세트에서 발견된 패턴에서 어떤 예측 성능을 기대할 수 있을까? 다시 말해, 주어진 데이터 세트에서 어떤 규칙성이 발견된다고 가정할 때, 그러한 규칙성이 미래의 데이터 세트에도 존재할 것이라고 언제 신뢰할 수 있을까?

그의 이론적 모델은 어떤 요소들이 신뢰도에 영향을 미치는지를 정의한다. 이러한 요소로는 데이터 세트의 크기, 분석 중 묵시적으로 테스트되고 폐기된 패턴들의 경우의 수 등이 있다. 직관적으로 볼 때, 데이터에 맞아떨어질 수 있다고 생각되는 가설을 더 많이 세울수록 우연히 데이터에 맞아떨어지는 가설에 도달할 가능성이 높아지므로 예측 성능의 평가에는 도움이 되지 않는다. 얼핏 매우 복잡해 보이기는 했지만, 바프닉의 공식은 결국 매우 효과적인 알고리즘으로 전환될 수 있었으며, 이것이 바로 그가 자신의 화려한 경력 중 미국에서 있었던 시기에 해낸 일이다(3장에서 이러한 아이디어의 일부를 다룬다).

이러한 접근 방식은 미래의 관측 상태를 예측하는 상대적으로 더 단순한 작업^{task}에 도움이 되는, '데이터 뒤에 숨겨진 메커니즘을 식별'한다는 전통적인 과제를 포기한 것이었다. 바프닉이 학생들에게 자주 하던 조언 중 하나는 다음과 같다.

"문제를 풀고자 할 때 중간 단계로 더 일반적인 문제를 풀려고 해서는 안 됩니다. 더 일반적인 문제가 아니라, 정말 필요한 문제를 해결하세요."

전설적 통계학자 레오 브레이먼$^{Leo\ Breiman}$은 이러한 접근 방식을 '정곡 찌르기'로 요약한 바 있다. 즉, 받은 편지함에서 원치 않는 이메일을 필터링하고자 할 때, 언어 이해에 관한 일반적인 문제를 해결하려 하지 말고 스팸을 제거한다는 더 단순한 과제에 집중하라는 것이다.

이 접근 방식은 전문적인 통계적 학습 이론의 핵심 내용과 통합되면서 단순한 방법론적 진술이 아닌 바야흐로 인식론적 명제에 가까워졌다. 결국 중요한 것은 에이전트의 행동이므로, '지능'을 비롯한 일반적인 문제를 해결하려 하는 대신 에이전트의 행동이 추천, 분류, 또는 번역이 되도록 집중해야 한다. 인간의 언어 현상을 완벽하게 이해하지 않고도 번역에 준하는 결과를 만들 수 있다면, 굳이 인생을 더 어렵게 살 필요가 있겠는가?

⚡ 새로운 레시피

새로운 세대의 인공지능 연구자들이 웹이 선사하는 새로운 도전과 기회에 직면한 1990년대에 이런 교훈들이 축적되면서, 결국 지능형 기계를 향한 도전 과제를 둘러싼 문화를 완전히 새로 형성했다. 인공지능의 언어는 더 이상 논리적 추론이 아니라 통계 및 최적화 이론의 언어가 되었으며, 주요 관심사는 필요한 데이터를 조달하는 것이 되었다. 머신러닝은 이 분야 전체의 핵심 학문이 되었고, 훈련 데이터는 가장 귀중한 자원이 되었으며, 성능 측정은 강박적 집착의 대상이 되었다. 목표는 어떤 진리를 발견하는 것이 아니라 '아마도 대략적으로 정확할' 행동을 생성해내는 것이었으며, 이를 위해서는 보통 단순한 통계적 패턴만으로도 충분했다.

데이터 기반 인공지능의 패러다임을 형성한 여러 연구자의 격언과 가르침을 종합해보면 마치 요리 레시피처럼 보이는 제안 목록을 얻을 수 있다. 이 레시피들을 모두 연결하면 다음과 같다.

- 문제를 해결할 때 중간 단계로 더 일반적인 문제를 풀려고 해서는 안 된다(바프닉).
- 언어 전문가를 해고하라(옐리네크).
- 데이터를 따라가라(할레비[Halevy] 외 다수).
- 더 나은 알고리즘보다 더 많은 데이터가 중요하다(에릭 브릴[Eric Brill], 옐리네크 인용).
- 단순한 모델과 대규모 데이터가, 소규모 데이터 기반의 더 정교한 모델을 이긴다(할레비 외).
- 훈련 데이터를 많이 확보했다면 암기가 좋은 정책이다(할레비 외).
- 실제로 구할 수 없는 주석이 달린 데이터를 기대하기보다는 차라리 구할 수 있는 야생의 데이터를 사용하는 게 낫다(할레비 외).
- 사용자가 명시적 피드백을 제공하도록 요구하기보다는, 그저 사람들이 어떤 검색 결과를 따르는지를 기록하라(보얀[Boyan] 외 다수).
- 어떤 사용자가 문서에 답장을 보냈다는 사실과 같은 사용자들의 암묵적 피드백도 활용할 수 있다(골드버그).

이 레시피에 추가해야 할 격언이 하나 더 있다. 자연어의 통계적 모델링을 필요로 하는 최근의 애플리케이션들은 조정해야 할 매개변수가 많다 보니 훈련 데이터가 10억 개의 단어를 넘기는 수준이어야만 제대로 작동하는데, 혹자는 이를 두고 "10억 개의 사례에서 비로소 삶이 시작된다"라고 요약한 바 있다.

오늘날 아마존의 추천 시스템은 수억 명의 고객에 기반해 작동하고, 유튜브의 추천 시스템은 20억 명의 사용자를 기반으로 하며, 이 책을 쓰는 시점 기준 가장 진보된 언어 모델인 GPT-3는 약

1,750억 개의 매개변수를 가지고 있어서 다양한 출처에서 얻은 약 45테라바이트의 텍스트 데이터를 분석하는 학습 과정을 거쳐야 했다. 이러한 모델은 추상화와 열거 사이의 중간 위치에 있으며, 전통적인 '이해'의 의미로 여겨지던 개념에 의문을 제기한다. 하지만 이것이야말로 인간 행동의 예측과 같이 이론이 존재하지 않는 영역에서도 작동할 수 있는 유일한 방법이다.

바프닉과 옐리네크는 동일한 원칙을 우연히 발견했는데, 그 핵심은 '조사 대상이 되는 시스템 자체를 이해하기보다는, 그 시스템이 앞으로 무슨 일을 할지 예측하기만 해도 충분할 수 있다'로 요약할 수 있다. 텍스트에서 다음 단어를 예측하는 일은 문장 하나를 이해하는 일보다 훨씬 쉬울 뿐 아니라, 대부분의 경우 이것만으로 충분하다. 어떤 이메일을 스팸으로 분류하거나 구입할 책을 추천할 때도 마찬가지다. 어떤 이들은 이를 '이론의 종말'이라고 부르지만, 이러한 상황이 과학의 다른 영역에 미치는 영향은 아직 명확하지 않다.

바프닉은 경험적 추론empirical inference이라고 불렀던, 데이터 학습에 대한 자신의 견해를 다음과 같은 알베르트 아인슈타인의 유명한 어록에 대조해 설명했다.

"나는 이런저런 현상에는 관심이 없습니다. 나는 신의 생각을 알고 싶을 뿐, 그 외 나머지는 그저 잡다한 지식일 뿐입니다."

바프닉은 이 표현에 대해, 경험적 추론의 핵심 질문은 "어떻게 하면 신의 생각을 이해하지 않고도 적절히 행동할 것인가?"라고 말하면서 반박했다.

이것이 바로 앞에서 설명한 모든 치트키를 포함하는 궁극적인 치트키인 듯하다. 생물학적 진화에서는 표현형 행동phenotype behaviour[08]만을 보고 선택하기 때문에, 생물학적 지능이란 '신의 생각을 이해'하기 위한 능력보다는 '잘 행동'하도록 돕는 능력에 의해 형성되었다고 생각해야 하지 않을까?

3장

세계의 질서를 찾아서

환경에서 규칙성을 감지하는 것은 에이전트가 자기 행동 결과를 예측하는 데 필요한 단계이므로 규칙적 환경은 지능형 행동의 전제 조건이다. 패턴 인식을 위한 모든 방법에는 중요한 한계 사항들이 있기 때문에, 지능형 에이전트에서 기대할 수 있는 바에도 한계가 있다.

🔗 지능, 패턴 그리고 질서 있는 세계

바다 민달팽이인 군소는 섬세한 아가미에 접촉이 있으면 아가미를 움츠리는 반사작용을 보이는데, 혹시 그 접촉이 어떤 포식자가 아가미를 갉아먹으려는 신호일 경우에 대비하는 것이다. 그러나 유사한 접촉을 반복하면, 가장 단순한 생물학적 학습 모델 중 하나인 '습관화'로 알려진 메커니즘으로 이러한 반사작용을 서서히 멈추게 된다. 이 메커니즘이 유용하게 쓰인다는 것은 이처럼 반복되는 자극이 군소의 아가미에 대한 진짜 위험 신호가 아니라는 추정을 활용한다는 뜻이다.

모든 환경은 위험을 감수하는 데 드는 대가와 이익 사이에서 각기 다른 트레이드오프를 보여주므로 군소는 각 상황에 따라 달리 행동해야 한다. 생물학자들은 이러한 단순한 유형의 학습, 즉 어떠한 접촉이 한동안 해를 끼치지 않는다면 아마 위험하지 않으리라고 판단하는 식의 학습이 진화적으로 어떤 이점을 가져왔는지 확인한 뒤에는 더 이상 의문을 제기하지 않을 것이다.

하지만 철학자들은 여기서부터 안절부절못하며 불안해한다. 이처럼 바다 민달팽이의 경험에 근거하는 '믿음'이 과연 정당화될 수 있을까? 스코틀랜드의 사상가 데이비드 흄David Hume은 1739년에 이것을 주요 미해결 과제로 분류하고 '귀납의 문제the problem of induction'라는 명칭을 붙였다. 그의 결론은 다른 가정을 추가하지 않는 한, 군소의 경험에 근거하는 기대에 대한 논리적 정당화 방법은 존재하지 않으며, 따라서 결국 부당하다는 것이다.

이후로 철학자들은 해당 과제에 대해 끊임없이 논쟁을 벌여왔으며, 1912년 버트런드 러셀Bertrand Russell은 이를 다음과 같이 설명했다.

"사육되는 가축들은 밥을 주는 사람을 보면 먹이를 기대한다. 우리는 이러한 획일성에 대한 어설픈 기대가 오해로 이어지기 쉽다는 사실을 알고 있다. 매일 닭에게 먹이를 주던 사람이 마침내 닭의 목을 비트는 행동은, 자연의 획일성에 대한 더 세심한 관점이 그 닭에게 도움이 되었을 것임을 보여준다."

철학자들은 이상한 질문을 던지고 극단적인 상황을 가정하는 경향으로 유명하지만, 이 논쟁은 단순히 동물에 관한 것만은 아니다. 인간이 경험에서 발견한 자연법칙에 대한 믿음에 관한 토론이기도 하다. 중력에 대한 우리의 믿음은 접촉이 해롭지 않다는 군소의 믿음과 다르지 않으며, 두 믿음 모두 제한된 횟수의 관찰을 기반으로 한다.

고등 동물은 훨씬 더 추상적인 연관성을 학습할 수 있다. 예를 들어, 비둘기에게 올바른 순서로 올바른 이미지를 쪼아야만 보상으로 이어진다는 사실을 가르칠 수 있다. 2011년 뉴질랜드의 한 비둘기 그룹은 이미지에 포함된 요소 개수에 따라 이미지 순서를 매기도록 훈련받았다. 빨간색 타원 두 개가 파란색 원 세 개보다 앞에 오도록 하는 식이었다. 비둘기들이 이 재주를 완전히 습득한 뒤, 전에는 보여준 적이 없는 최대 개수인 9개의 요소를 포함한 새로운 이미지들을 제시하자, 비둘기들은 해당 이미지들도 정확하게 순서를 매기는 데 성공함으로써 자신들이 수의 개념을 이해할 수 있음을 보여주었다. 이 비둘기들은 분명 군소라면 알지 못했을 개념을 인식할 수 있었지만, 특정 행동을 취한 후 보상을 기대하는 것을 정당화하는 생각은 군소와 마찬가지로 과도한 비약적 믿음에 기반한 것이었다.

이것이 오늘날 지능형 기계를 만들 때 직면하게 되는 두 가지 질문이다. 지능형 기계는 단순 암기를 넘어서 새로운 상황에서의 일반화를 할 수 있을 것으로 기대되는데, 과거의 관찰에서 발견한 패턴을 언제 신뢰할 수 있는지를 어떻게 알 수 있을까? 그리고 지능형 기계는 그저 자신이 이를 알아채지 못했을 뿐, 어떤 유용한 패턴을 놓친 상태는 아닌지를 어떻게 알 수 있을까?

철학자는 이 질문을 다음과 같이 바꿀 수 있다. 어째서 환경은 반드시 그 규칙성을 파악할 수 있고, 내일도 그 규칙성이 존재할 것이라고 믿을 수 있을 만큼 단순하고 안정적이어야만 할까? 이러한 환경에서만 에이전트가 미래를 예상할 수 있고 따라서 합리적으로 행동할 수 있기 때문이다.

과거의 관찰을 지식과 예측으로 변환할 수 있는 기계를 구축하는 과학인 머신러닝은 수 세기 전 과학철학자들이 제기했던 것과 동일한 질문에 맞닥뜨린다. 인간이 만든 기계가 생성해내는 지식을 인간이 어떻게 신뢰할 수 있을까? 인간으로서 우리는 그 기계를 이해할 수 있으리라 예상해야 할까? 언젠가는 인간이 군소의 입장이 되어, 비둘기에게는 완벽하게 명백한 것들을 이해할 수 없는 상황에 부닥칠 수도 있을까?

데이터에서 '패턴'이 의미하는 바를 이해하기 위한 다양하면서도 동등한 방법들이 있다. 다음 [그림 3−1]의 구성을 보자. '파스칼의 삼각형Pascal's triangle'이라고 불리지만, 실제로는 파스칼이 태어나기 수 세기 전부터 이미 페르시아와 중국 등지에 알려졌던 형태다.

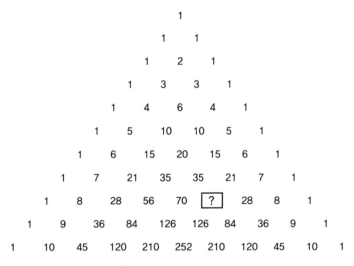

그림 3−1 계승factorial 표기법[01]에 익숙한 독자를 위해 설명하자면, $n=0,1,2...$ 행이고, $k=0,1,2...$ 열일 때 (n,k) 위치의 항목은 $n!/k!(n-k)!$으로 계산할 수 있다. 이 공식은 무한한 대상을 유한한 방식으로 표현한다.

이 삼각형을 이루는 모든 항목은 특히 바로 위에 있는 두 항목을 합하는 식으로 다른 항목들을 통해 재구성할 수 있다. 일단 이 패턴을 발견한 뒤에는 누락된 값을 채우거나, 오류를 감지하거나, 아래쪽에 행을 하나 더 생성할 수도 있다. 실제로 여기에는 무한한 대상의 일부만을 표시한 것이므로, 원하는 만큼 새로운 행을 계속 생성할 수도 있을 것이다.

기계의 반칙

중요한 것은 이 전체 구조를 방금 앞에서 설명한 속성에 기반한 단일 수학 공식 또는 몇 줄의 컴퓨터 프로그램으로 압축할 수 있다는 점이다. 이것이 바로 패턴을 이해하는 열쇠다. 표의 모든 값을 나열하지 않고도 표를 설명할 수 있다.

여기서는 패턴을 '데이터에서 설명할 수 있는 모든 것'으로 생각하고, 특히 무한한 대상을 유한한 방식으로 표현할 수 있는 경우에 집중하겠다.

일단 어떤 데이터 세트를 설명할 수 있다면, 같은 수식이나 컴퓨터 코드를 사용하여 이미 보유한 데이터 세트의 빈 곳을 채우거나, 확장하거나, 그전에 발견한 패턴을 위반하는 몇 가지 오류를 찾아낼 수도 있다. 이런 관계를 데이터에서 발견하는 경우에는 보통 그 데이터에서 '학습했다'고 표현한다(여기서는 정확한 패턴으로 예를 들었지만, 대략적 패턴에 대해서도 비슷한 논의가 가능하다는 점에 주목해야 한다).

하지만 여기에 함정이 있다. 모든 데이터 세트를 학습할 수 있는 건 아니다. 예를 들어, 앞의 그림에 나온 항목들의 임의 순열은 학습할 수 없다. 다시 말해, 누락된 항목을 채우거나, 다음 행을 예측하거나, 몇 줄의 컴퓨터 코드로 이를 설명할 수 없다. 모든 위치의 모든 항목을 하나하나 일일이 열거하거나 기억해야 한다.

수학자들은 파스칼의 삼각형처럼 작동하는 환경은 상상할 수 있는 모든 환경의 극히 일부에 불과하며, 나머지 환경은 추상적 조건으로 설명할 수 없다는 사실을 증명할 수 있다. 학습과 지능형 행동은 전체 세계의 매우 일부분에서만 가능하므로, 몇몇 철학자들은 우리가 어떻게 우연히 그러한 세계에서 살게 되었는지 의문을 품는다. 군소가 습관화를 이용할 수 있고, 물리학자들이 법칙과 이론을 사용해 과거를 설명하고 미래를 예측할 수 있는 이유는 무엇일까?

한 가지 가능한 대답은 군소와 물리학자들은 다른 환경에서라면 존재할 수 없었을 것이며, 세계를 바라보는 어떤 지능적 실체가 있는 한, 그 지능적 실체의 세계는 예측 가능해야 한다는 것이다. 이 동어반복은 과학철학에서는 인류 원리^{anthropic principle}로 알려졌다.

과학자란 참 힘들게 사는 경향이 있다. 패턴이 감지되지 않으면 데이터에 패턴이 전혀 포함되어 있지 않다는 의미일까? 한편 패턴이 감지된다면 그것은 우연의 일치일까, 아니면 내일도 여전히 존재하리라고 믿을 수 있는 성질의 패턴일까? 두 상황 모두 대답은 '아니다'이다. 관계성을 찾지 못한다고 해서 데이터가 무작위임을 증명할 수 없으며, 관계성을 찾는다고 해서 미래에도 그 관계성이 계속 존재할 것이라는 보장도 없다. 두 경우 모두 보통 철학자들을 불편하게 하는 믿음의 도약[02]이 필요하다.

과학자가 기계의 도움을 받을 수 있을까? 머신러닝은 데이터에서 패턴을 확인하는 기술이며, 믿을 만한 예측을 하기 위해 우연에 속지 않도록 주의하면서 신뢰할 수 있는 관계성을 추출한다. 앞서 2장에서 이미 살펴본 바와 같이, 오늘날 머신러닝 이론가들은 머신러닝 문제가 더 심오한 진실을 식별하는 것이 아니라 그저 예측에 관한 것이어야 한다고 생각한다. 그리고 이들은 다른 한계도 인정하는데, 예를 들면 기계가 찾아낸 패턴을 인간이 해석하지 못할 수도 있다는 점이다.

⌁ 지식의 한계

사람이나 기계가 일련의 관찰에서 질서를 찾고자 할 때는 많은 문제가 발생할 수 있다. 그중 일부는 우리가 구축한 지능형 에이전트와 관계를 맺는 방식에 관해 시사하며, 간단한 질문들을 통해 구체화할 수 있다. 이러한 질문들은 다음과 같다.

① 모든 데이터 세트에서 어떤 패턴을 확인하는 일반적인 방법이 있는가?

② 데이터에서 발견한 관계성이 우연의 결과가 아니라는 것을 어떻게 신뢰할 수 있는가?

③ 기계가 발견한 관계성을 들여다봄으로써 무엇을 알아낼 수 있는가?

공짜 점심은 없다

많은 알고리즘은 입력값이 무엇이든지 간에 항상 의도한 해답을 찾을 수 있도록 되어 있다. 예를 들면 지도에서 두 지점 사이의 최단 경로 또는 두 정수의 곱 같은 것이다. 따라서 하나의 범용 알고리즘이 데이터의 모든 패턴을 확인할 수 있을 것이라는 기대는 어떻게 보면 당연할 수 있지만, 일반적인 상식으로 이런 것은 존재할 수 없다. 데이터의 패턴을 학습하는 알고리즘이라면 항상 그 패턴에서 벗어나는 듯한 무작위 데이터를 만나기 마련인데, 그 데이터는 다른 알고리즘으로 학습할 수 있다. 이러한 상황은 물리학에서 영구 기관perpetual motion을 만들 수 없다는 사실을 마침내 인정한 순간과 닮아 있다. 물론 실망스럽기는 하지만, 발전을 위해서는 중요한 순간이다. 만약 범용 알고리즘이 존재했다면 데이터 압축 및 무작위성 검사와 관련한 컴퓨터 과학의 많은 문제를 해결할 수 있었겠지만, 적어도 우리는 최소한 더 전문화된 알고리즘을 개발하는 데 노력을 집중할 수는 있다. 데이터의 출처나 찾고 있는 패턴의 유형에 대한 가정만 세울 수 있다면, 보통은 이러한 패턴을 찾아낼 강력한 방법을 발견할 수 있다. 예를 들면 시계열에서의 주기적 구조나 변수 간의 선형 관계, 그 외 유용한 패턴들을 감지하는 효율적인 방법들이 존재한다.

우연의 일치

데이터 세트에서 관계성을 발견했다면 동일한 출처의 다른 데이터 세트에도 그러한 관계성이 있음을 신뢰할 수 있는지 확인할 필요가 있다. 그저 우연의 일치였을 수도 있을까? 데이터 세트의 규모가 작거나, 관심 대상인 데이터 또는 관계성에서 마음에 드는 것만 취사선택하는 것이 허용되어 있는 경우라면 충분히 가능성 있는 이야기다. 하지만 다음과 같은 오래전 이야기에서 알 수 있듯이, 몇몇 이들에게는 이것이 놀라울 만큼 인식하기 어려운 가능성인 듯하다.

1964년 8월 21일 자 『타임』 지에는 「기이한 우연의 개요」라는 제목의 짧은 기사가 실렸는데, 당시 상당한 관심을 끌었다. 케네디 대통령이 세상을 떠난 지 불과 9개월밖에 지나지 않은 시점에, 이 기사는 이미 한동안 워싱턴 DC 주변을 떠돌던 이야기, 즉 그와 전 대통령 에이브러햄 링컨 사이의 이상한 우연의 일치들에 관해 보도했다.

"링컨Lincoln은 1860년에, 케네디Kennedy는 1960년에 대통령으로 선출되었다. 둘 다 시민권 투쟁에 깊이 관여했다. 두 사람의 이름은 각각 7개의 철자로 이루어져 있다. 각 대통령의 부인은 모두 영부인 시절 아들을 잃었다. 두 대통령 모두 금요일에 총에 맞았다. 두 사람 모두 아내가 지켜보는 앞에서 뒤에서 쏜 총에 머리를 맞았다. 두 대통령의 암살자들은 재판에 회부되

기계의 반칙

기 전에 총에 맞아 사망했다. 존 윌크스 부스John Wilkes Booth와 리 하비 오즈월드Lee Harvey Oswald라는 이름은 15개의 철자로 이루어져 있다. 링컨과 케네디의 뒤를 이은 대통령은 둘 다 존슨이라는 이름을 가진 남부인이다. 링컨의 뒤를 이은 테네시주 출신의 앤드류 존슨Andrew Johnson은 1808년에 태어났고, 텍사스주 출신의 린든 존슨Lyndon Johnson은 1908년에 태어났다."

그 후로 이 목록은 널리 퍼지면서 조금씩 살을 붙여나갔다. 여기에 포함된 모든 사실이 완전히 정확한 것은 아니었지만 말이다. 몇 가지는 단순히 잘못된 사실이고, 나머지 내용에는 터무니없을 정도의 비약이 있었다. 그러나 이 소름 돋는 연관성에 관한 이야기는 계속 퍼져나갔고, 목록은 점점 길어졌다.

어떤 사람들은 다음과 같은 두 가지 질문에 답하기 어렵다고 느낀다.

① 이 정보들이 완전히 정확하다고 하더라도, 이러한 연관성이 과연 놀랄 만한 것일까?

② 이 정보들이 두 대통령 사이에 설명이 필요하거나, 그들에 대한 추가 정보를 추측하는 데 사용할 수 있는 특별한 연관성이 있다는 신호일까?

통계학자들은 두 가지 추가 질문을 통해 이 문제를 해결할 수 있다.

③ 비슷한 목록을 만들어낼 수 있는 다른 쌍의 사람들이 과연 몇 명이나 더 있을까?

④ 두 대통령에 관한 다른 이야기가 모두 사실이었다면, 그 목록에 얼마나 더 많은 다른 사실을 추가할 수 있었을까?

앞에서 살펴본 기이한 우연의 개요는 마음에 드는 결과물만 남긴 취사선택의 결과물이다. 연결성을 보여주는 정보는 남기고, 그 외 다른 정보는 목록에서 제거한 것이다. 실제로 두 대통령의 출생지나 신발 크기 등에 대한 언급은 전혀 없다. 우연적 결과로 설명할 수 있는 패턴은 '유의미하지 않은' 것으로 간주되며, 과학적 이론이나 예측의 일부로 사용되어서는 안 된다.

사실 어떤 현상의 설명 방법을 항상 찾아낼 수는 있다. 세운 이론에 맞지 않는 데이터를 제외하거나, 지나치게 꼬이고 난해한 설명까지 인정하기로 한다면 가능하다. 하지만 그렇게 한다면 패턴 탐지 프로세스의 결과가 유익하다고 할 수 없다. 이런 패턴을 '허위spurious'라고 부르는데, 이는 가설에서 데이터의 우연한 상관관계를 설명하려 시도할 때 발생하는, 그동안 활발히 연구되어 온 '과적합' 현상의 결과다.

통계학, 머신러닝, 과학적 방법 모두 이러한 위험을 연구하고 이를 방지할 엄격한 방식을 고안해냈으며, 오늘날 지능형 기계를 훈련할 때 사용하는 소프트웨어에 내장되어 있다. 하지만 인간 작업자가 이러한 원칙을 이해하지 못한다면, 여전히 데이터에서 의미 없는 관계성의 환상을 보는 기계가 나올 수 있다. 이는 인간이 이해하지 못하는 영역을 예측하기 위해 기계에 우리가 판독할 수 없는 거대한 모델의 생성을 지시하려는 경우 매우 분명하게 존재하는 위협이다.

외계 구조

대규모 관찰표 또는 자극-반응 쌍을 포함하는 행동표를 압축하는 표준 방법 중 하나는 대상 그룹을 설명하는 추상적 용어를 도입하고 해당 용어를 사용하여 데이터를 설명하는 것이다. 예를 들어 다음과 같이 동물과 각 동물이 먹을 수 있는 먹이의 목록을 생각해보자.

동물	먹이
거북이	양상추
고양이	생선
토끼	당근
...	...

크기가 충분히 큰 표라면 첫 번째 열에 초식동물과 육식동물의 개념을 넣고, 다음 열에는 식물성 먹이와 동물성 먹이의 개념을 넣어 압축할 수 있다. 이러한 용어는 어떤 대상이 아니라 대상의 범주를 설명하며, 세계를 이론적으로 설명하는 기초가 되어 '초식동물은 식물성 먹이를 먹는다'와 같은 단순하고도 일반적인 규칙을 서술할 수 있게 해준다.

학습하는 기계도 구조를 생성한다. 예를 들어 동영상 추천 시스템은 사용자들과 동영상들을 분류화하고, 각 분류 용어를 사용하여 사용자 행동에서 관찰되는 관계성을 표현할 수 있다. 이러한 구조화는 일반화에 유용하지만 굳이 우리에게 의미가 있을 필요는 없다.

예를 들어 아르헨티나의 소설가인 호르헤 루이스 보르헤스^{Jorge} $^{Luis\ Borges}$는 그의 가장 유명한 창작물 중 하나에서 동물들이 다음과 같이 분류되는 가상의 세계에 관해 이야기한다.

① 황제에게 속한 동물

② 박제화된 동물

③ 훈련된 동물

④ 새끼 돼지

⑤ 인어

⑥ 멋진 동물

⑦ 들개

⑧ 현재 분류에 포함되는 동물

⑨ 마치 미친 듯한 (그렇게 떠는) 동물

⑩ 셀 수 없이 많은 동물

⑪ 얇은 낙타털 붓으로 그린 동물

⑫ 기타 동물

⑬ 방금 꽃병을 깨뜨린 동물

⑭ 멀리서 보면 파리처럼 보이는 동물

이러한 분류는 예를 들어 식성에 따른 표를 만들거나, 계통발생학적 또는 생태학적 정보를 요약하는 데는 쓸모가 없겠지만, 황제의 동물이나 야생 동물들에게 특별한 권리가 인정되던 아주 오래된 고대의 법률 체계를 설명할 때는 도움이 될 수 있다. 이 예시는 억지로 짜 맞춘 듯 보일 수도 있겠지만, 이후 장에서 설명할 직접 마케팅, 개별 위험 평가, 콘텐츠 추천 시스템의 맥락에서 개인들의 집단을 분석하는 '세분화segmentation' 방법과 크게 다르지 않다.

세상을 나누고 기술하는 '객관적인' 방법은 없다. 보르헤스 자신도 같은 에세이에서 "임의적이지 않은 우주의 분류는 존재하지 않는다"라고 강조한다. 또한 동일한 세계를 관찰하는 두 인공 에이전트가 (심지어 이 에이전트들이 똑같은 예측을 할 수 있는 경우라고 해도) 동일한 이론적 추상화에 도달하리라 기대할 근거도 없다. 인간의 언어로 그 이유를 이해하기란 불가능할 수도 있다.

패턴과 인지 편향

허위 패턴이 발견되는 사례를 처리하기 어려운 또 다른 이유는, 인간은 본능적으로 세상에서 패턴을 찾으려는 경향이 있기 때문이다. 이는 인간의 가장 가치 있는 특성 중 하나지만 문제로 이어지는 원인이 되기도 한다. 특히 패턴이 결핍된 상태, 즉 무작위 상태에 맞닥뜨렸을 때 그렇다. 인간과 기계 모두 우연의 일치나 스스로 취사선택한 결과에 속을 수 있다. 또한 우리가 생각하는 이론적 구조가 어떤 숨겨진 현실을 반영한다고 믿게 되는 경우에도, 이는 보통 세상에 대한 설명을 단순화하는 데 유용한 속기법 정도의 의미만 지닌다. 범용 학습 알고리즘이 존재할 수 없듯이 인간도 범용 학습 시스템이 아닌 것이다.

무작위 입력에 대해서도 해석하려고 하는 인간의 경향을 가리켜 파레이돌리아pareidolia라고 하는데, 경우에 따라서는 병적인 증상으로도 나타날 수 있다. 사람들은 바위, 달, 심지어 토스트에서도 사람의 얼굴을 보기도 한다. 관련성이 없는 대상들 사이에서 의미 있는 연결성을 인식하는 이러한 경향을 더 추상적으로 부르는 상태를 아포페니아apophenia라고 한다. 아포페니아는 완전히 독립적인 사건 사이에서도 인과 관계를 발견할 수 있는 능력이다. 과학의 시대가 도래하기 전까지는 우연의 결과로 쉽고 평범하게 설명할 수 있는 사건에서도 더 심오한 의미를 찾는 일이 흔했으며, 오늘날에도 이러한 경향은 현실 세계를 복잡한 음모나 계략으로 설명하려 할 때 여전히 존재한다.

인간이 밤하늘을 바라볼 때는 오리온자리의 허리띠[03] 부분을 형성하는 비슷한 간격의 별 세 개를 인식하지 않을 수 없다. 모든 문화권에서 이 별들에 대해 각각 이름을 붙인 듯 보이는데, 아마도 우리는 태초부터 이 패턴을 인지하고 있었을 것이다. 이 패턴을 놓칠 수 없게 만든 동일한 돌연변이가 바로 우리를 인간으로 만든 요소일 수 있기 때문이다. 하지만 별의 위치에는 구조가 존재하지 않는다. 인간은 별들의 위치를 기억할 수 있지만, 하늘에서 누락된 부분을 나머지 부분으로부터 재구성할 수는 없다. 그렇다면 우리가 하늘에서 발견하는 막대기 모양은 착각의 산물일까?

인간은 인과 관계에 대해서도 똑같이 반응한다. 낮의 길이를 일자별로 나열한 시계열과 복권 번호의 시계열 간에는 큰 차이가 있다. 전자는 쉽게 압축되고 예측할 수 있는 반면, 후자는 완전히 무작위적이다. 그런데도 많은 복권 구매자는 여전히 오랫동안 나오지 않았던 숫자, 또는 자신의 인생 사건과 관련된 숫자들이 다음에 당첨될 확률이 높다고 믿는다.

⚡ 기계가 할 수 있는 것

머신러닝 연구자들은 데이터 뒤에 숨겨진 메커니즘을 '식별'하겠다는 야심을 상당 부분 포기하는 대신, 유용한 예측이라는 더 쉬운 목표로 돌아섰다. 이러한 방식으로 그들은 현대 철학에 한 걸음 더 가까이 다가갔지만, 동시에 인간은 인간이 만든 기계와 연관성을 맺을 가능성에서 한 걸음 더 멀어졌다. 인간은 이미 자신들이 이해할 수 없는 패턴을 기계가 발견해내기를 기대하고 있으며, 특정 영역에서는 우리보다 더 나은 예측을 할 것이라 기대해야 한다. 이것이 오늘날의 현실이다.

오픈AI가 2020년에 만든 언어 모델인 GPT-3를 생각해보자. 언어 모델은 자연어로 된 문장의 확률을 계산하는 도구로, 주로 문장 완성, 빈칸 채우기, 수정 제안과 같은 텍스트 예측 작업에 가장 많이 사용된다. 통계적 언어 모델은 텍스트 교정에서 자동 완성, 질의응답, 심지어 대화 시뮬레이션에 이르는 다양한 시스템에서 흔하게 쓰인다. 이 거대 언어 모델은 다양한 온라인 출처에서 수집된 45테라바이트의 원본 텍스트로 훈련되었는데, 이는 세상에서 읽는 속도가 가장 빠른 인간(하워드 버그Howard Berg는 분당 2만 5천 단어를 읽을 수 있는 사람으로 기네스북에 등재되었다)이 600년 이상 읽어야 할 분량이다. 그리고 모델 자체에도 수십억 개의 매개변수가 포함되어 있는데, 인간의 작업 기억으로 소화할 수 있는 양보다 훨씬 많은 분량이다.

이 모델들은 1970년대에 옐리네크가 도입한 언어 모델의 직속 후계로, 그중 하나인 구글이 만든 람다LaMDA는 2022년 신문에 실리기도 했다. 어떤 엔지니어가 람다와 긴 '대화'를 나눈 이후에 이 모델에 '지각 능력'이 생겼다고 믿게 되었기 때문이다. 람다는 대화를 시뮬레이션하기 위해 40억 개의 문서로 훈련했으며 수십억 개의 매개변수를 포함한다.

이 모델에 표현된 세계를 이해하려고 시도한 연구가 실제로 있었는지는 알려진 바 없다. 하지만 만약 모델의 규모가 유의미한 검토가 가능할 만큼 충분히 작다고 해도, 그 모델의 내부 추상화 방식이 인간이 사용하는 것과 일치하리라 기대할 근거는 없다.

GPT-3와 람다는 인간의 수준을 뛰어넘는 규모와 경험을 보유했을 뿐만 아니라 동일한 세계에 대해서도 '외계적/이질적'인 표현 방식을 가지고 있을 것이므로 똑같은 작업이라고 해도 인간과, 그리고 다른 모델과는 매우 다른 방식으로 수행할 것이다. 머신러닝의 선구자인 블라디미르 바프닉이 강조했듯이, 목표가 예측이라면 기계가 중간 단계로 더 어려운 문제를 풀 필요는 없다.

🐾 인간의 피조물 이해하기

목표 지향적인 행동에는 자기 행동의 결과를 예측하는 능력이 필요하며, 적응 또는 학습은 이를 달성할 수 있는 신뢰도 높은 방법이다. 이것은 예를 들어 군소가 자신을 둘러싼 환경이 규칙적일 것이라 기대하는 이유가 있는지에 관계없이, 자극을 습관화할 때 하는 일이기도 하다.

그리고 이는 지능형 에이전트를 만드는 통상적인 방법이기도 하다. 에이전트를 방대한 양의 데이터로 훈련하고, 이들이 의사 결정을 내릴 때 활용할 정보로 이용할 수 있는 유용한 패턴을 감지하게 하는 것이다. 동영상 추천 에이전트부터 스팸 필터에 이르기까지 모두 동일한 방식으로 작동한다. 하지만 이러한 에이전트들이 항상 제대로 작동할 것이라고 믿을 수 있을까? 그 답은 이러한 에이전트를 만들 때 암묵적으로 내리는 가정의 본질에 따라 좌우된다.

인공지능 산업에는 다행스러운 일이지만, 인간의 행동에는 (이론적 모델도 없고 예외가 넘쳐남에도 불구하고) 놀라울 만큼 질서가 있는 것처럼 보인다. 그리고 관찰한 내용을 나열하고 단순 통계를 측정하는 방식을 혼합한 모델들은 인간의 언어와 행동을 예측하는 데 큰 도움이 되는 듯 보인다. 이는 아마도 지난 수십 년 동안 가장 저평가된 과학적 발견 중 하나일 것이다. 그러나 이러한 모델들은 모두 유용한 행동을 예측할 수 있게 되기까지 초인간적인 양의 경험을 먼저 학습해야 한다. 몇몇 연구자들이 말했듯이 "10억 개의 사례에서 비로소 삶이 시작된다."

엘리네크가 촉발한 이 혁명은 암묵적으로 이러한 관찰에 기반을 둔다. 대규모 데이터와 세계에 대한 비이론적 모델은 유용한 행동을 만들어낼 수 있다. 그럼에도 불구하고 이 모델은 실제로 어떠한 현상이 발생하고 있는지에 관해서는 전혀 알지 못한다. 따라서 우리에게는 우리의 피조물인 기계의 결정을 해석할 방법이 없을 수도 있는데, 만약 있었다면 기계가 길을 잃지는 않았는지 확인할 때 편리했을 것이다.

인간의 가치와 규범을 기계에 가르칠 방법을 생각할 때는 이 점을 잊지 말아야 한다. 우리가 하려는 일은 민달팽이나 영리한 비둘기에게 설명하려는 시도나 마찬가지일 수 있다. 철학자인 루트비히 비트겐슈타인Ludwig Wittgenstein은 다음과 같이 말한 바 있다.

"사자가 말을 할 수 있다고 해도, 우리는 그 말을 이해하지 못할 것이다."

4장

러브레이스는 틀렸다

오늘날 기계는 경험을 통해 자율적으로 학습할 수 있는 능력을 갖춘 덕분에, 인간이 할 수 없거나 심지어 이해할 수조차 없는 일들을 해낼 수 있다. 따라서 기계는 이론이 존재하지 않는 영역에서 작동하기에 적합하며, 바로 이러한 점이 전통적인 기존 방식에 비해 강점을 가지는 부분이다.

⚬ᢤ 백작부인과 기계 이야기: 주석 G에서 37번째 수까지

1843년 런던

1843년, 에이다 러브레이스^{Ada Lovelace} 백작부인은 루이지 메나브레아^{Luigi Menabrea}가 그녀의 친구 찰스 배비지^{Charles Babbage}의 제안에 기초하여 작성한 기술 논문을 영어로 번역하는 작업을 막 마친 상태였으며, 여기에 자신의 아이디어도 덧붙이기로 마음먹었다. 러브레이스의 연구 주제에 대한 이야기를 제대로 언급하기 전에, 뛰어난 천재들이 등장하는 이야기인 만큼 어느 정도는 어이없게 들릴 수 있다는 점에 유의하자.

찰스 배비지는 빅토리아 시대의 전형적인 발명가이자 다재다능한 사람으로서 평생 유명세를 떨쳤으며, 철도에서 보험 회사에 이르기까지 다수의 프로젝트에서 활발하게 활동했다. 오늘날 우리에게는 기계식 계산기를 발명한 인물로 잘 알려졌지만, 사실은 계속해서 발전된 기계를 구상한 끝에 마침내 최초의 범용 컴퓨터인 '해석 기관^{analytical engine}'을 발명한 사람이기도 했다. 앨런 튜링의 발명품보다 한 세기 앞서 고안된 이 기계가 바로 러브레이스의 논문의 주제였다. 그녀는 단순히 배비지의 긴밀한 협력자이기만 했던 것이 아니라 사교계 명사이기도 했으며, 낭만주의 시인 바이런 경의 딸이었고, 뛰어난 수학자였다.

러브레이스가 1843년 프랑스어에서 영어로 번역한 이 책은 1840년 이탈리아 토리노에서 열렸던 강연에서 배비지가 해석 기관을 자세히 설명한 뒤 루이지 메나브레아가 작성한 논문이다. 몇 년 후 메나브레아는 통일 이탈리아의 수상이 되지만, 당시의 그는 여전히 계산 기계에 매료되어 배비지의 발명에 대한 유일한 기록을 작성하게 된 사르데냐 왕국의 젊은 관료였다.

이러한 인연들이 참 놀랍기는 하지만 이 이야기의 가장 중요한 부분은 아니다. 중요한 부분은 러브레이스가 연산 기계의 본질과 잠재력에 대한 자신의 아이디어를 담기 위해 책에 덧붙인 일련의 긴 주석에 있다. 이러한 대대적인 부가 작업 덕분에, 이 기계가 온전히 구현된 적이 없음에도 그녀는 오늘날 최초의 컴퓨터 프로그래머로 기억된다.

이러한 주석들 중에서도 많은 관심을 끈 것이 '주석 G'다. 해당 주석에는 다음과 같은 언급이 있다.

> "해석 기관은 어떤 것을 독창적으로 만들어낼 수 있다고 자처하지 않는다. 다만 우리가 그렇게 하도록 명령할 방법을 아는 그 어떤 일이든 수행할 수 있다."

우리의 불안을 달래주는 이러한 생각은 전자적 컴퓨터가 발명된 이후 수십 년 동안 계속되었다. 신기술의 잠재적 위험에 대해 계속해서 되살아나는 걱정과 우려를 진정시키기 위해, 컴퓨터는 인간이 프로그래밍한 작업만 수행할 수 있다는 주장이 반복되어 온 것이다. 다만 유일한 문제는 러브레이스의 주장이 틀렸다는 점이다.

2016년 서울

구글의 자회사인 딥마인드는 런던 세인트 제임스 광장에 있는 에이다 러브레이스의 자택에서 불과 1마일(약 1.61킬로미터) 남짓 떨어진 곳에 있으며, 범용 유형의 인공지능을 개발하는 것을 목표로 천명한 회사다. 2016년, 이 회사는 머신러닝의 서로 다른 두 가지 기법을 결합해 스스로 수백만 번의 대국을 진행하며 바둑을 두는 방법을 학습하고 놀라울 만큼 높은 수준의 성능을 달성할 수 있는 강력한 새 알고리즘을 개발했다.

그렇게 함으로써 이들은 컴퓨터의 근본적인 한계에 대한 에이다 러브레이스의 격언, 그리고 수많은 전문가의 예상과 충돌하게 될 여정을 시작하게 되었다. 이 알고리즘의 이름은 알파고AlphaGo였다.

바둑은 처음에는 다른 보드게임과 크게 다르지 않은 듯 보인다. 두 플레이어가 번갈아가며 19×19 바둑판 위에 흑돌과 백돌을 놓고, 상대방의 돌을 잡는 게임이다. 하지만 각 차례에서 가능한 수와 대응하는 수의 '경우의 수'가 너무 많다 보니 체스 게임에서처럼 무한 대입법을 쓰기엔 무리가 있다. 이런 경우의 성공 여부는 돌을 놓은 자리를 평가하는 방법, 즉 '평가 기능evaluation function'에 달려 있다. 인간 챔피언이 이를 어떻게 수행하는지에 대한 일반적인 이론이 없으므로 기계는 수천만 건의 기록된 대국을 분석하고, 수백만 건의 대국을 스스로 치르면서 그때마다 평가 기능을 조정하여 경험을 통해 이를 학습해야 한다.

2016년 봄까지 알파고는 자신을 개발한 프로그래머를 이겼고, 유럽 최강자였던 판후이Fen-Hui에게도 승리했으며, 이제 정말 어려운 도전을 할 때가 되었다. 한국의 이세돌은 세계에서 가장 유명한 바둑 기사였기에 딥마인드는 그와 알파고가 대국하기를 원했다. 총 5번의 대국이 서울에서 일주일 동안 치러졌고 언론의 상당한 주목을 받으며 진행되었다.

이 기계가 결국 인간 최강자를 이겼다는 사실 자체는 놀라운 일이 아닐 수 있다. 결국 체스를 비롯한 다른 주요 보드게임에서도 이미 일어났던 일이기 때문이다(체스 세계 챔피언이었던 가리 카스파로프Gary Kasparov는 1999년에 알고리즘 딥블루에 패배했다).

중요한 것은 당시 2번째 대국의 37수에서 일어난 일이다.

이 37번째 수는 모든 프로그래머가, 그리고 대국 상대방이었던 이세돌 역시 실수라고 여긴 알파고의 결정으로 두어진 수였다. 아무도 이 수를 해석할 수 없었다. 즉, 아무도 그 목적이 무엇인지 알수 없었고, 상대방을 점차 압박하고 마침내 상대방의 돌을 잡아내는 이 게임의 목표에서 이 수가 어떤 역할을 할 것인지 알 수 없었다. 하지만 이 수는 나중에 이 알고리즘의 최종 공격의 초석이 되었으므로, 결국 목적이 있었던 수로 밝혀졌다. 이 기계는 자신을 개발한 프로그래머들도 할 수 없는 일만 해낸 것이 아니다. 아무도 해석조차 할 수 없는 수까지 둘 수 있었다.

알파고의 지식은 알파고 제작자에게서 나온 것이 아니라, 3천만 번의 기록된 대국을 관찰하고 5천만 번 이상의 자체 대국을 둠으로써 얻은 결과다. 이는 인간 바둑기사가 평생을 바쳐도 얻을 수 없는 양의 경험이다. 그리고 이 때문에 알파고는 제작자도 이해할 수 없는 방식으로 작동하게 되었다. 다시 말해, 러브레이스의 표현을 일부 빌리자면, 이 기계는 '우리가 그렇게 하도록 명령할 방법을 아는'

것이 아닌 일도 수행할 수 있게 되었다.

이걸 보고도 인간과 인간의 생득적 우월성에 대한 환상을 계속 가져야 할까?

⊶ 학습하는 기계

러브레이스와 그 시대의 사람들로서는 그녀의 주석 G로부터 서울에서의 운명적인 대국에 이르기까지의 시간 동안, 엔지니어들이 경험을 통해 기계의 성능을 개선하는 기술인 '머신러닝'을 개발하게 될 것이라고는 상상도 하지 못했을 것이다. 알파고는 머신러닝을 통해 자기 제작자보다 더 뛰어난, 그리고 제작자가 이해할 수 없는 목적 지향적 행동을 할 수 있게 되었다.

여기서 잠깐 시간을 내서 일상 용어로 '학습^{learning}'이라고 표현하는 작업이 얼마나 많은지 생각해보자. 우리는 전화번호, 시, 새로운 언어, 자전거 타는 법, 독버섯을 구별하는 법, 체스와 바둑을 두는 법까지 학습할 수 있다. 똑같이 학습한다고 표현하지만, 실제로 이러한 작업들은 서로 동일하지 않다. 이 중 일부는 암기만 하면 해낼 수 있지만, 다른 일들을 해내기 위해서는 (독버섯을 알아보는 법을 학습할 때처럼) 새로운 상황에 대해서도 일반화할 수 있도록 사례에서 추론하는 능력이 필요하다. 그리고 이러한 일은 학습으로 볼 수 있는 예시들 중 일부에 불과하다.

'머신러닝'이라고 이야기할 때는, 기계가 이미 인간보다 훨씬 뛰어난 영역인 단순한 데이터 암기와 같은 작업은 보통 고려하지 않는다. 그보다는 기계가 명시적인 프로그래밍 없이도 새로운 기술을 습득하거나, 기존 기술을 개선할 수 있는 상황에 대해 이 용어를 사용한다. 이런 일들이 실제로 가능한 방법, 즉 독버섯을 알아보고, 체스 게임에서 승리하고, 자전거를 타고, 동영상을 추천할 수 있는 기계를 만들 수 있는 유일한 방법은 머신러닝이라는 사실이 밝혀졌다. 오늘날 사용되는 모든 지능형 에이전트는 어떤 형태로든 머신러닝을 기반으로 한다. 머신러닝은 지능형 에이전트가 변화하는 환경에 대응할 수 있게 해주며, 명확한 이론적 설명이 없는 영역에도 대응할 수 있게 해준다.

넓게 보면 대부분의 학습 알고리즘은 동일한 방식으로 작동하는데, 예시를 통해 살펴보면 더 명확하게 알 수 있다. 알고리즘과 요리 레시피는 서로 공통점이 많은데, 둘 다 입력한(넣은) 것을 출력하는(나오는) 것으로 전환하기 위해 따라야 할 일련의 단계들을 지정한다.

요리 레시피는 재료 목록과 일련의 조리법을 포함하며, 각 항목에는 분량, 온도, 지속 시간과 같은 추가적인 세부 정보가 필요하다. 예를 들어 어떤 간단한 레시피에는 물 60그램과 밀가루 100그램을 섞어 200도에서 10분 동안 굽는다는 내용이 포함될 수 있다.

이러한 세부 사항을 변경하면 다른 결과가 나올 수 있다. 재료와 조리법을 동일하게 유지하는 경우라 해도, 가능성의 영역을 실험하기 위해 해당 레시피에 등장하는 네 숫자의 값을 조정할 수 있다. 경험이 많은 요리사라면 이미 이러한 실험을 여러 번 시도해서 최적의 설정값에 도달했을 것이다. 그래도 이들은 여전히 새로운 주방에서 일하게 되거나 기존과 다른 밀가루 제품을 사용할 때마다 매번 실험해보고 싶을 수 있다. 음식을 맛볼 누군가의 관점에서 제공되는 피드백도 필요한데, 보통은 요리사 본인이 그 누군가가 된다.

수학적 언어를 사용하자면, 레시피에서 조정할 수 있는 이러한 양적 변수를 '매개변수^{parameter}'라고 한다. 보통은 음악에서 빌려온 표현을 사용해서 이와 같은 조정을 '피아노 조율'처럼 '매개변수 튜닝^{tuning}(조정)'이라고 표현한다. 피아노 조율의 피드백은 조율사의 숙련된 귀에서 나온다.

이러한 '조정'은 기계가 학습하는(즉, 경험에 따라 행동을 변경하는) 표준적인 방법이자 영화, 단어 또는 체스에서의 수를 추천하는 데 사용되는 에이전트의 예측을 제어하는 수치형 매개변수에 적용될 수 있다. 환경으로부터의 피드백은 최적의 값, 다시 말해 가장 효과적인 행동을 발생시키기 위한 기준으로 활용된다.

에이전트의 행동을 자극-반응 쌍의 명시적인 표로 전부 열거하기보다는, 조정 가능한 매개변수에 따라 달라지는 계산의 형태로 이러한 대응 쌍을 암묵적으로 구체화한 다음, 기계가 환경과의 상호작용을 통해 세부 사항을 파악하도록 하는 방식이 일반적이다. 그 결과는 기계 스스로의 행동이 될 것이며, 제작자도 상상하지 못했던 독창적인 행동을 구현할 가능성도 있다.

물론 '학습'은 그저 맹목적인 검색만으로 이루어지지 않으며, 알고리즘에게 부여된 목표를 가장 잘 추구할 수 있도록 해당 알고리즘을 최적으로 설정하는 방법에 대한 매우 심오한 수학적 이론도 존재한다. 이것이 바로 알파고를 만들 때 이루어졌던 일이다.

그렇다면 러브레이스 백작부인이 말했던 "해석 기관은 어떤 것을 독창적으로 만들어낼 수 있다고 자처하지 않는다. 다만 우리가 그렇게 하도록 명령할 방법을 아는 그 어떤 일이든 수행할 수 있다"

라는 표현은 맞았는가, 틀렸는가? 복잡한 레시피에서 최선의 버전을 찾는 일은 무엇인가를 '독창적으로 만들어내는' 일과 같다고 할 수 있을까? 아니면 그저 '우리가 그렇게 하도록 명령할 방법을 아는 일'을 하는 것에 불과할까?

이것은 철학자들에게는 고민해볼 만한 문제일 수 있다. 하지만 수백만 개의 상호작용하는 매개변수가 있고, 그 결과 행동에 미치는 영향을 인간이 예측할 수 없다면, 기계는 실제로 인간에게는 생소한 무엇인가를 학습하고 있는 것이다. 필자는 이를 새로운 레시피라고 부르고자 한다. 그리고 이것이 바둑 대국에서 이기거나 책을 추천하는 작업처럼 공략 이론이 존재하지 않는 문제를 해결하는 단계에까지 이른다면, 자율적인 목표 지향적 행동과 학습 및 지능에 관해 논할 수 있다고 보는 게 타당하다.

학습하는 기계에 관한 아이디어

알파고가 등장하기 이전에도, 자기 제작자보다 보드게임을 더 잘하는 방법을 스스로 학습하여 유명해진 프로그램이 이미 있었다. 1956년, 미국 TV 시청자들은 아서 새뮤얼[Arthur Samuel]과 그가 만든 체커[01] 인공지능 프로그램을 보게 되었다. 이 프로그램은 『리스의 체커 게임 가이드[Lees' Guide to the Game of Draughts]』라는 고전 게임책에 실린 예제와 자체 플레이를 통해 새뮤얼을 체커 게임에서 이기는 수준까지 학습했다.

1962년, 새뮤얼(또는 그의 고용주였던 IBM)은 이 기계가 더 강한 상대와 대결할 때가 되었다고 판단하고, 대전 상대로서 1966년 주 챔피언이 되는 로버트 닐리[Robert Nealey]라는 코네티컷주 출신의 시각장애인 선수를 선택했다. 그는 당시에는 그렇게 널리 알려져 있지 않았음에도, 이 이벤트에서 미국 최고의 선수 중 하나로 소개되었다. 당시 홍보되던 새로운 IBM 704 컴퓨터를 사용한 이 프로그램은 닐리를 이겼고, 언론은 열광했다.

새뮤얼이 이 알고리즘의 기술적 세부 사항을 설명한 「체커 게임을 이용한 머신러닝에 대한 연구」라는 논문[02]은 1959년에 공개되어 현대 인공지능에 상당한 영향을 주었다. 이후 표준이 된 다양한 방법을 소개했을 뿐만 아니라, 해당 연구 분야에 대한 새로운 정의들을 처음으로 소개했다.

이 논문에서 새뮤얼은 우리가 무엇을 원하는지 정확히 알고 있지만 이를 구하는 수학적 규칙이 없으므로, 기계로 구현하려면 대대적인 수동 조정이 필요한 종류의 컴퓨터 프로그램들이 있다는 사실을 관찰했다. 그리고 해결책을 자동화하는 문제에 대해서는 다음과 같이 기술했다.

> "문제를 해결하는 방법을 지정할 때는 세밀하고 정확한 세부 사항까지 명시해야 하는데, 이는 시간과 비용이 많이 드는 절차다. 컴퓨터가 경험을 통해 학습하도록 프로그래밍하면 결국에는 이러한 세부 사항을 프로그래밍하는 노력의 대부분을 절약할 수 있다."

그리고 보드게임을 사용하여 예를 들었다. 기계는 주어진 게임 설정에서 어떤 수의 실현 가능한 결과가 무엇인지 확인하기 위해 앞을 내다봐야 하지만, 결국 어떤 '미래'를 선호해야 할지 결정할 방법이 필요하다. 요리 레시피에 비유하자면, 체스나 체커를 두는 에이전트의 '조정 가능한 매개변수'는 보드게임판(요리하는 도마) 설정의 다양한 특징에 부여할 '중량/가중치'에 해당한다. 이러한 수치를 선택할 때마다 각기 다른 행동이 나타날 것이다. 새뮤얼의 주요 공헌은 바로 이러한 매개변수들을 조정하여 승리 확률을 높이는 실용적인 방식을 보여준 것이다.

1959년 7월 『뉴욕 타임스』는 아서 새뮤얼의 말을 다음과 같이 인용해 보도했다.

"머신러닝 방법을 이용하면 기계가 문제 해결에 착수하기 전에 기계에 제공해야 하는 정보의 양을 크게 줄일 수 있다"

이어서 새뮤얼은 다음과 같은 말을 덧붙였다.

"다만 이 정도의 성과를 얻으려면 20년에서 50년까지도 걸릴 수 있다."

오늘날 추천 시스템은 사용자들을 관찰하고, 어떤 동영상의 각 특성, 즉 장르, 언어, 재생 시간, 또는 제목에 들어간 단어 등이 '클릭 여부'에 얼마나 기여하는지를 학습한다. 사용자 선호도에 대한 이론이 부재한 상황에서, 머신러닝을 통해 사용자의 참여 확률을 높이는 각 요소의 적절한 비율을 자동으로 찾아낼 수 있다.

새뮤얼은 **"게임의 규칙, 대략적인 방향 감각, 게임과 어떤 식으로든 관련 있다고 생각되지만, 정확한 기호와 상대적 가중치는 알 수 없고 지정되지 않은 중복되고 불완전한 매개변수 목록이 주어지는 경우"**에 게임을 개선하기 위한 이러한 시스템을 만들 수 있다고 결론을 내렸다.

새뮤얼이 1959년 작성한 논문은 이 실험의 의미를 다음과 같이 요약한다.

"컴퓨터는 프로그램을 작성한 사람이 할 수 있는 것보다 더 나은 체커 게임 플레이를 하는 법을 학습하도록 프로그래밍될 수 있다."

오늘날 우리는 여전히 이러한 결론이 초래한 결과에 적응하려 하고 있다.

새뮤얼은 알파고가 자신의 유산을 이어받아 발전시키는 것을 보지 못하고 1990년에 세상을 떠났다. 필자는 알파고의 제작자들이 새뮤얼의 논문에서 자체 플레이하며 서로 대국하는 두 컴퓨터 프로그램의 이름이 각각 알파와 베타였다는 사실을 기억하고 있었을지 종종 궁금할 때가 있다.

초인간: 알파고와 그 제국

새뮤얼의 실험 이후 60년 동안 컴퓨터 과학과 인공지능 분야는 몰라볼 정도로 크게 변화했다. 첫 번째로 하드웨어의 기하급수적 발전에 대한 무어의 법칙[03]을 꾸준히 따랐고, 두 번째로 다양한 과대광고 주기hype cycle와 극적인 방향 전환을 거쳤다. 이 기간에 수많은 새로운 인공지능 방법론이 발견되고, 개발되고, 폐기되었으며, 때로는 재발견되기도 했다.

바둑에서 이세돌을 이긴 알파고는 수백 개가 넘는 프로세서(CPU 1,202개, GPU 176개)로 실행되었고, 16만 번의 대국에서 추출한 약 3천만 개의 수를 사용해 기록된 과거 대국 데이터베이스로 훈련되었으며, 이후 5천만 번의 자체 대국을 통해 추가 학습을 거쳤다. 알파고의 훈련에는 몇 주가 걸렸지만, 만약 같은 양의 경험을 인간 기사가 쌓으려 한다면 한평생을 바쳐도 훨씬 모자랄 수준이다.

어떤 작업이 주어졌을 때 기계가 초인간적인 성능을 달성하는 방법은 여러 가지가 있는데, 많은 경우 일종의 부정행위처럼 느껴질 수 있다. 이러한 방법 중 하나는 어떤 인간도 따라갈 수 없을 만큼 대량의 경험을 활용하는 것이다. 또 다른 하나는 더 큰 메모리와 더 빠른 연산을 이용하는 방법이다. 그리고 보드게임 외에도 많은 상황에 적용할 수 있는 또 다른 방법으로는 초월적 감각을 활용하는 것, 즉 인간 적수보다 더 많은 정보에 접근하는 것이 있다.

알파고는 아서 새뮤얼이 제작한 프로그램보다 모든 면에서 확실히 앞섰다. 하드웨어, 게임 난이도, 미래 예측 방식, 조정 대상 매개변수의 수, 훈련용 예제의 수, 보드게임판 평가 기능 등 모든 면에서 월등히 뛰어났다.

알파고가 그 모든 훈련에서 추출한 지식이 인간에게는 무의미한 수백만 개의 수치형 매개변수로 나오는 만큼, 인간 전문가가 읽을 수 없는 형태라는 점은 안타깝다. 기계가 다음 수를 생각하기 위해 세계를 그려나가는 방식은 앞서 3장에서 나온 '외계' 개념과 호르헤 루이스 보르헤스의 '동물 분류' 사례와 비슷하다.

더 최신 버전의 알파고 알고리즘은 초기 버전을 능가했으며 심지어 인간 경쟁자에 의해 훈련되거나 인간을 상대방으로 상정하여 개발되지도 않았다. 가장 최신 버전의 알파고는 아예 3천만 개의 인간 기보로 구성된 학습용 초기 세트를 배제하고, 처음부터 자체 대국을 통해서만 학습했다. 그래도 시험용 대국에서 오리지널 알파고를 상대로 100% 승리를 거뒀다. 알파고 프로그래머들은 그에 관해 오싹할 만큼 명징하면서도 사실적으로 설명한다. "알파고에는 더 이상 인간 지식의 한계에 의한 제약이 없다." 알파고의 또 다른 버전인 알파제로AlphaZero와 뮤제로MuZero는 계속해 여러 보드게임을 학습하고 있으며, 매번 인간적 또는 초인간적인 수준을 달성하고 있다.

🔗 창조자를 능가하는 피조물

컴퓨터가 '독창적으로' 무엇인가를 만들어낼 수 없다는 러브레이스의 말은 지난 수년에 걸쳐 점점 더 강력해지는 우리의 피조물에 대한 주기적인 불안감을 완화하기 위해 종종 회자되었다. 알파고와 그 후계자들을 보면, 이제는 정말 걱정해야 할 때가 된 것일까?

'창조주를 능가하는 피조물'에 대한 문학적 이야기는 항상 풍부하게 전해 내려왔다. 1952년 『영국 과학철학 저널The British Journal for the Philosophy of Science』에 실린 사이버네틱스 학자 로스 애슈비Ross Ashby의 논문 「기계적 체스 플레이어가 그 설계자를 능가할 수 있을까?」[04]에서는 철학적 논쟁까지 이루어졌다. 그리고 이 글은 제목과 같은 질문에 긍정적으로 답변했다. 걱정하는 것은 당연한 일이다.

필자는 여러 중요한 작업에서 기계가 인간을 충분히 이기고 능가하리라고 예상하지만, 범용general-purpose 또는 보편적universal 형태의 기계 지능의 가능성에 대해서는 과학적이라고 보지 않으며, 이런 개념에서는 올챙이에서 인간으로 이어지는 진화 사다리의 오래된 이미지가 떠오르기도 한다. '스페셜리스트'가 아닌 '제너럴리스트'라는 용어는 그러한 측면에서 더 받아들일 만하다. 영역이 서로 겹치지 않거나 부분적으로 겹치는 여러 제너럴리스트형 에이전트를 상상할 여지를 여전히 남기기 때문이다.

지능은 본질적으로 다차원적 성격을 가지며, 까마귀와 문어의 인지 능력을 서로 비교할 수 있다고 생각하기 어려운 것과 마찬가지로, 서로 다른 에이전트의 지능을 비교하는 것 자체가 불가능할 수 있다. 따라서 기계가 근시일 내에 ('월리를 찾아라'[05]를 풀어내는 일부터 '트럭 자율주행'에 이르기까지) 수많은 작업에서 '초인간적인 성능'을 발휘하리라고 충분히 예상할 수 있음에도, 절대적 범주로서 '보편적 지능'이나 단일한 일반적 유형의 '초인간형' 지능에 관해 논하는 것이 유용하다고 생각되지는 않는다. 물론 그래도 여전히 걱정할 수는 있다.

특정 영역에서 초인간적인 성능이란 단순히 더 뛰어난 감지 능력과 더 대용량의 메모리에서 나올 수도 있지만, 알파고나 GPT-3에서 확인했듯이 초인간적인 양의 경험에 접근하는 것에서 나오기도 한다. 이후 8장에서는 57종의 서로 다른 동영상 게임에서 인간 플레이어를 이길 수 있도록 스스로 학습하는 알고리즘에 관해 논할 것이다. 흉부 엑스레이 검사에서 인간 영상의학과 의사와 경쟁할 수 있는 수준의 인공지능 알고리즘이 이미 존재하며, 이러한 경쟁도 언젠가는 끝날 수 있다.

인간이 수성할 수 있는 영역도 있을 것이다. 프랑스 철학자 클로드 레비스트로스[Claude Lévi-Strauss]가 말했듯이, 과학에서 중요한 부분은 올바른 질문을 던지는 것이지 정답을 제시하는 것이 아니다. 이것이 바로 러브레이스가 궁극적으로 주석 G를 통해서 인간을 위해 한 일이다. 그녀는 기계가 할 수 있는 일과 할 수 없는 일에 대한 질문을 던졌다. 현대의 컴퓨터는 러브레이스를 대신해 루이지 메나브레아의 책을 프랑스어에서 영어로 손쉽게 번역할 수 있을지도 모른다. 그러나 기계가 할 수 있는 일은 거기까지다.

5장

의도를 벗어난 행동

야생의 데이터로 훈련한 인공지능 에이전트가 아무런 문제를 일으키지 않고 기대한 바대로 작업을 수행할 것이라고 믿을 수 있을까? 사이버네틱스의 창시자인 노버트 위너^Norbert Wiener^는 기계가 위험한 치트키를 쓸 가능성을 우려했고, 이를 소원을 들어주는, 그러나 '문자 그대로만' 들어준다는 무서운 옛이야기의 기물(부적)에 비유했다. 오늘날 그의 우려는 현실이 될 수 있다. 우리는 개별 위험 평가를 위해 통계 알고리즘을 활용하고 그 결과에 기반하여 중요한 의사 결정을 내린다. 다행히 지금까지는 피해 발생 범위가 제한적이었지만, 우리가 만든 기계가 수행하도록 지시받은 일을 문자 그대로만 수행함으로써 근본적인 사회 규범을 위반하지 않게 하려면 어떻게 해야 할까?

원숭이 발

"나는 2백 파운드가 있으면 좋겠어." 나이 지긋한 화이트는 가족의 고집에 따라 이렇게 말했지만, 정말 이 미라화된 낡은 원숭이 발에 마법의 힘이 있다고 믿지는 않았다. 사실 소원 세 개는 고사하고 단 하나의 소원도 떠올리기 어려웠지만, 그의 젊은 아들 허버트가 먼저 주택대출을 생각해냈다. "아빠는 집 문제만 해결되어도 상당히 행복할 것 같아요." 아들이 말했다. "음, 2백 파운드를 소원으로 빌어보세요. 그 정도면 충분할 거예요." 화이트는 여전히 의구심을 가진 상태로, 부적을 높이 든 채 아주 구체적인 이 요구를 또박또박 말했다.

다음날, 조금도 더 부자가 되지 않은 그가 이 원숭이 발에 힘이 있다며 자신을 설득한 오랜 친구에 대해 생각하고 있었을 때, 어떤 남자가 머뭇거리며 문을 두드렸다. 화이트의 아내는 처음 보는 남자의 얼굴을 보는 순간 즉시 뭔가 잘못되었음을 알아차렸다.

"무슨 일이라도 생겼나요?" 그녀는 숨을 헐떡이면서 물었다. "허버트에게 무슨 일이 일어났나요? 무슨 일입니까? 무슨 일이에요?"

"그가 기계에 끼었어요." 방문객이 마침내 나지막하게 말했다. "기계에 끼었다고요?" 화이트는 얼빠진 것처럼 그 말을 따라 했다. "그렇습니다."

"모오 앤 메긴즈 회사는 아드님의 죽음에 관해서 책임이 없음을 전합니다." 방문객은 말을 이었다. "모오 앤 메긴즈 회사는 아드님의 죽음에 관한 책임이 없지만, 아드님께서 회사를 위해 일한 점을 고려해서 약간의 금액을 보상하고자 합니다."

화이트는 아내의 손을 놓고 벌떡 일어서서 겁에 질린 얼굴로 방문객을 노려보았다. 그는 바싹 마른 입술로 간신히 물었다. "그 금액이 얼마인가요?"

"2백 파운드입니다."

사이버네틱스의 창시자인 노버트 위너는 1902년 윌리엄 위마크 제이콥스[William Wymark Jacobs]가 쓴 이 이야기를 아주 좋아했다.[01] 그리고 자신이 1950년에 집필한 예언적 저서 『인간의 인간적 활용』에서도 지능형 기계가 가져올 수 있는 위험을 설명하려는 목적으로 이 이야기를 소개했다. 이 책에서 '원숭이 발'이란 자기 행동으로 인해 발생할 수 있는 피해에 무관심하며 '문자 그대로'의 방식으로 주어진 목표 달성을 추구하는 장치를 나타낸다.

그로부터 70년이 지난 지금, 우리는 위너의 이러한 우려가 정당화되는 시점에 도달했으나, 지금까지는 운 좋게도 피해의 발생 범위가 제한적이었다.

✂ 개별 위험 평가의 예

지난 20년간 인공지능이 급속도로 발전할 수 있었던 치트키는 머신러닝 알고리즘과 인간 행동에 관한 대규모 표본이 있었기에 가능했다. GPT-3와 같은 알고리즘은 초인간적인 양의 데이터로 학습하기만 하면 문장을 완성하고, 구매를 예측하고, 질문에 대답하고, 번역을 지원할 수 있으며, 심지어 주제 자체를 이해하지 못해도 이 모든 일을 수행할 수 있다. 반드시 통계적 수단을 사용하여 이러한 행동을 모방하거나 예측할 수 있어야 한다는 이론적 이유는 없지만, 이는 놀라운 실험적 발견이며 여전히 심리학에서 연구해야 할 부분이 남아 있는 영역이기도 하다. 마찬가지로, 적절한 양의 데이터만 있으면 추천 에이전트는 우리가 어떤 동영상을 시청할 가능성이 높은지, 또는 친구들과 어떤 뉴스를 공유하려 할지 정확하게 추측할 수 있다. 그렇다면 이러한 능력을 삶의 다른 영역에도 적용할 수 있을까?

인간은 우리 자신이 그렇게 믿고 싶은 만큼 복잡한 존재가 아닐 수도 있다. 충분히 복잡도가 높은 에이전트에게 있어서 인간은 그렇게 어려운 '작업 환경'이 아닐 수 있다. 우리가 이러한 사실을 이전에는 깨닫지 못했던 이유는 단지 충분히 많은 양의 행동 표본을 수집할 수 없었기 때문이다. 하지만 그것이 사실이고 미래 행동에 대한 개인화된 예측이 가능하다고 해도, 이러한 에이전트가 인간이 지금까지 가치를 부여해온 어떤 문화적 선을 넘을 수 있을까?

어떤 사람의 미래 행동을 통계적으로나마 예측할 수 있는 능력은 인공지능보다 훨씬 오래 전부터 존재해온 거대 산업, 즉 개별 위험 평가 산업에서 매우 매력적으로 받아들여지는 요소다. 여기에는 보험, 신용 및 대출, 인재 채용, 교육기관 선발, 고용, 나아가 사법적(그리고 정신의학적) 상황까지 포함된다. 이러한 영역에서는 어떤 개인이 미래에 어떻게 행동할지, 또는 어떤 수준의 수행 능력을 보일 가능성이 있는지를 평가하여 현재의 의사 결정에 필요한 정보를 확보한다.

이러한 평가는 전통적으로 통계적 기법, 심리적 기법, 평가 센터에서의 인터뷰에 기반하여 이루어졌다. 하지만 최근에는 상당수의 의사 결정을 인공지능 알고리즘에 맡기는 경향이 있는데, 그 이유는 알고리즘이 미래 행동에 대해 합리적으로 추측할 수 있는 능력이 있기 때문이다.

개별 위험 평가는 '원숭이 발'과 같은 상황이 벌어질 가능성이 가장 높은 영역 중 하나이기도 하다. 이러한 예측을 제대로 수행하는 것은 필요한 작업의 일부일 뿐이며, 표준화하기는 매우 어렵지만 그럼에도 불구하고 법과 양심에 의해 지킬 것이 요구되는 상당한 수준의 사회적 규범을 존중하면서 작업해야 하기 때문이다. 이런 부분에서는 맥락이 아주 중요하게 작동한다. 동일한 결정이라도 그 결정을 내린 이유에 따라 받아들여질 수도 있고 받아들여지지 않을 수도 있다.

규제 영역과 보호받는 특성

개별 위험 평가가 이토록 민감한 영역인 이유는 종종 이러한 평가가 기회의 접근에 대한 결정을 내리는 데 사용되고 평등 대우의 관점에서 규제를 받기 때문이다.

예를 들어 영국에서는 2010년 평등법$^{Equality\ Act}$에 따라 고용, 공공 서비스, 의료, 주택, 교육 및 선발, 교통, 공공기관에 대한 평등한 접근이 보장되어야 한다고 규정한다. 모든 국가에는 삶의 중요한 영역에서 시민의 평등한 대우를 보장하는 구체적인 법 조항이 있다. 영국 평등법에 따르면 '다음의 각 특성은 보호받는다. 연령, 장애, 성전환, 결혼 및 동성 동반자 관계, 임신 및 출산, 인종, 종교 또는 신념, 성별, 성적 취향'이라고 명시되어 있다.

유럽 연합에는 리스본 조약에 의해 2009년부터 법적 구속력을 확보한 기본권 헌장에 평등에 대한 다음과 같은 조항이 있다. '성별, 인종, 피부색, 민족적 또는 사회적 출신, 유전적 형질, 언어, 종교 또는 신념, 정치적 의견 또는 기타 의견, 소수 민족 신분, 재산, 출생, 장애, 연령 또는 성적 취향 등에 기반한 어떠한 이유의 차별도 금지한다.' 미국에도 이와 유사한 법령들이 있지만 아직 단일 법률로 통합되지는 않은 상태다.

이러한 규제는 예를 들면 개인의 종교나 성적 취향을 이유로 교육에 대한 기회가 제한되어서는 안 되며, 고용 결정이 지원자의 인종에 따라 좌우될 수도 없음을 의미한다. 또한 이러한 영역에서 의사 결정을 내리고자 지능형 알고리즘을 활용하는 건 관련 법령을 위반할 위험이 따른다는 의미이기도 하다. 이때 잠재적 직원, 학생 또는 대출 기관의 미래 성과를 예측하는 인공지능은 이러한 보호받는 특성에 기반하여 결정을 내리지 않는다는 사실을 증명해야 한다.

이와 같은 상황에서, 데이터 기반 치트키가 내세우는 슬로건 중 하나인 "무엇을 아는지가 중요하지, 그 이유를 아는 건 중요하지 않다"는 더 이상 적용되기 어렵다. 앞에서 설명한 것과 같은 데이터 기반 에이전트에게 특정 보호 대상 그룹이 특정 결과와 상관관계가 있다는 학습을 시키지 않도록 확실히 보장하려면 어떻게 해야 할까? 이러한 정보를 사용하는 것은 불법이다. 하지만 테라바이트 단위의 데이터에서 통계적 패턴을 발견하고, 이를 수천 개의 매개변수로 암묵적으로 표현하는 방식에 의존하는 에이전트의 결정을 감사하기란 매우 어려운 일이다.

⚡ 민감한 정보 유출

통계적 인공지능 에이전트가 올바른 이유에 따라 의사 결정을 내리는지 확인하기는 어려울 수 있다. 이러한 에이전트는 원인이나 설명을 고려하지 않은 채, 대규모 데이터 세트에서 발견된 상관관계를 활용하도록 설계되었기 때문이다. 현대의 인공지능에 도달하게 해준 치트키의 절반은 실제로 그러한 혁신으로 만들어진 것이며, 나머지 절반은 이런 에이전트를 '야생에서' 얻은 데이터, 즉, 사회적 활동에서 생성된 현실 데이터를 이용해 훈련시킬 수 있다는 아이디어가 만들어낸 것이다. 바로 이 지점에서 기계는 잠재적으로 나쁜 습관을 학습할 수 있는데, 2013년 발표된 훌륭한 연구 결과가 그러한 사실을 잘 보여주었다(해당 주제의 아주 중요한 연구이므로, 이번 장에 이어 다음 장에서도 계속 다룰 예정이다).

2012년, 영국에 기반을 둔 어떤 데이터 과학자 그룹은 총 5만 8천 명에 달하는 자원봉사자의 페이스북 프로필을 연구하여 연령, 성별, 종교 및 정치적 견해 등의 정보에 접근했다. 나아가 프로필에 표시된 간접적 정보에서 인종과 성적 취향에 대한 정보를 추론해냈다. 동시에 연구진은 대상자들이 페이스북 페이지에서 클릭한 '좋아요' 정보를 수집한 뒤, 이를 바탕으로 다음과 같은 단순하지만 꽤 심란한 질문을 던졌다. "이처럼 민감하고 개인적인 특성들을 '좋아요'와 같은 공개적 의사 표현에 기반하여 자동으로 정확하게 추론해낼 수 있을까?"

그 충격적인 결과는 논문 제목이기도 한 「인간 행동의 디지털 기록에서 개인적인 특징과 속성을 예측할 수 있다」[02]에 잘 요약되어 있다. 해당 연구진이 발견한 사실은, 어떤 사용자의 '좋아요' 집합은 수만 명의 다른 사용자로부터 추출한 정보와 결합 및 비교될 경우 '보호받는 특성'이 무엇인지 밝혀내기에 충분한 정보라는 점이다. 예를 들어, 나이가 많은 사람들은 '조에게 커피를Cup of Joe for a Joe**03**과 같은 프로그램이나 '미국 국기를 휘날리며Fly the American Flag**04**와 같은 단체에 우호적 의견을 표현하는 경향이 더 컸던 반면, 젊은 사람들은 '교실에서 지루할 때 할 수 있는 293가지'와 같은 주제를 더 좋아했다.

남성은 '밴드 오브 브라더스Band of Brothers**05**를 선호했고, 여성은 '슈대즐Shoedazzle**06**을 선호했다. 이런 방법이 효과적일 수 있었던 이유는 '약한 단서'들을 결합하여 해당 개인의 보호받는 특성에 대해 꽤 정확하게 추측할 수 있을 만큼 충분한 통계적 특징을 생성할 수 있기 때문이다. 그 결과 만들어진 통계 모델은 각 사용자가 게시한 '좋아요' 정보를 기반으로, 남성과 여성은 93%, 이성애자와 동성애자는 남성의 경우 88%, 여성의 경우 75%, 흑인과 백인은 95%, 기독교인과 이슬람교도는 82%, 민주당원과 공화당원은 85%의 정확도로 구분할 수 있었다.

이 연구 논문의 저자들은 그와 유사한 정보들을 다른 유형의 디지털 흔적에서도 추출할 수 있다는 사실을 관찰했는데, 이는 민감한 정보가 의도치 않게 유출될 수 있음을 의미한다.

> "페이스북의 '좋아요' 정보와 그 외 유형의 널리 퍼져 있는 디지털 기록, 예를 들면 웹 검색 기록이나 검색어, 구매 이력 간의 유사성에 따르면, 사용자의 속성을 드러내는 정보는 '좋아요'에만 국한되지 않을 가능성이 높다는 걸 시사한다. 게다가 본 연구에서 예측된 속성의 범위가 매우 다양했다는 점은, 적절한 훈련 데이터가 주어지기만 하면 다른 속성들도 밝혀낼 가능성이 높다는 사실을 보여준다."

이 중요한 논문에는 동일한 사용자의 심리학적 특성을 예측하는 내용도 포함되므로, 다음 장에서 다시 다룰 예정이다. 이런 적용 사례들의 아이디어는 기본적으로 같다. 대규모 사용자 표본에 대한 방대한 양의 공개 및 비공개 정보를 수집한 다음, 그 데이터를 번역용 비교 자료 역할을 하는 '로제타 스톤'으로 활용하여 여러 사용자의 공개적 행동에서 비공개 특성을 추론한다.

행동 정보를 기반으로 개인의 범죄 위험이나 미래 소득을 예측하도록 훈련된 지능형 에이전트가 결과적으로 불법적인 정보에 기반하여 결정을 내리지 않을 것이라고 어떻게 보장할 수 있을까? 이 연구 결과는 민감한 정보를 에이전트가 보지 못하게 숨기는 대책만으로는 충분하지 않음을 보여준다. 민감한 정보는 겉으로는 무해해 보이는 정보, 심지어는 공개된 정보에도 암묵적으로 포함되어 있기 때문이다.

이 연구 논문의 저자들은 다음과 같은 경고로 결론을 마무리했다. "사람들이 남기는 디지털 흔적이 계속해서 증가하고 있음을 고려하면, 개인들이 자기 속성 중 무엇을 공개할지 통제하기가 더 어려워지고 있다. 예를 들어, 노골적인 동성애 콘텐츠를 피하는 것만으로는 다른 사람들이 자신의 성적 취향을 발견하는 걸 막기 어려울 수 있다."

위험 평가 에이전트가 사람에 관한 훈련용 데이터 정보를 분류할 때, 자신이 탐지한 관계성을 내부적으로 요약하는 방법으로 생성하는 '외계' 구조는 일부 보호받는 특성의 정보와 겹칠 수 있다. 이 사실을 아무도 알아차리지 못할 수도 있고, 그러한 상황이 발생했는지 여부를 감사하기도 매우 어려울 것이다. 이러한 개인들에 관한 하위 분류는 앞서 3장에서 설명했던 호르헤 루이스 보르헤스가 만들어낸 멋진 동물 분류법과 유사하게 보일 수도 있다.

우리가 제출한 이력서에서 (심지어 모든 민감한 정보를 삭제한 후에도) 보호받는 특성에 관한 정보가 추론을 통해 밝혀지거나, 채용과 같은 규제 영역에서 민감한 결정을 내릴 때 간접적으로 이용될 수 있을까? 그렇다면 아마 불법적인 치트키의 사례가 될 수 있을 것이다.

⚙ 아슬아슬한 순간, 오발령 경보, 실제 피해

지능형 알고리즘을 사용함으로써 수백만 명에 달하는 타인의 과거 행동에 기반하여 대상 개인의 미래 행동을 통계적으로 예측할 수 있는 가능성이 열렸으며, 이를 통해 다양한 의사 결정에 관한 위험성을 추정할 수 있게 되었다. 그러나 한편으로는 기계가 '원숭이 발'에 훨씬 가까운 치트키를 쓸 가능성 역시 열렸다. 이는 통계, 야생에서 얻은 빅데이터, 인간이 판독할 수 없는 표현을 결합함으로써 발생한 의도하지 않은 결과일 수 있다. 이러한 에이전트를 검증할 믿을 수 있는 방법을 찾는 일은 신뢰를 확보하기 위한 중요한 연구 방향이 될 것이다.

이미 지난 2016년부터 언론은 여러 차례 아슬아슬한 상황과 오발령 경보에 관해 보도했다. 언론에 보도된 그러한 기사에서 누군가가 실제로 피해를 보았는지는 확실하지 않지만, 위험 평가 업계가 통계 알고리즘을 사용하여 의사 결정을 자동화하는 방안을 계속 추구하고 있다는 사실만큼은 분명해 보인다. 이것만 보더라도 '원숭이 발' 가능성을 우려하며 알고리즘에 대한 신뢰 문제를 제기하기에 충분하다. 이 분야에는 전반적인 법적 규제가 필요하다. 다음은 지난 몇 년 동안 언론에 보도된 일부 사례다.

2018년 10월 11일, 로이터 통신은 실제 피해로는 이어지지 않았기에 '아슬아슬한 순간'으로 간주할 수 있는 사례를 보도했다. 몇 년 동안 아마존(의 연구 팀)은 이력서를 검토하고 입사 지원자의 점수를 매기는 실험용 소프트웨어를 개발해왔다. 이 기사에 따르면 해당 알고리즘은 이전 지원자들과 직원들의 데이터베이스를 기반으로 훈련되었는데, 여기서 심각한 문제가 있음이 밝혀졌다고 주장했다. 알고리즘은 회사에 적합한 지원자를 예측하는 정보가 될 수 있는 이력서상의 단어 패턴을 학습하면서 '여자 체스 동호회 회장, 두 군데 여자 대학에서 학위 과정을 낮춰 졸업했음'과 같은 문장처럼 '여자'라는 단어가 나오는 이력서에 감점을 주었다. 이 기사에는 기술적 세부 사항이 너무 많이 누락되어 있어서 더 이상의 분석은 큰 의미가 없었으며, 아마존은 실제로 이러한 도구를 사용하여 후보자를 평가한 적이 없다는 점을 분명히 밝힌 것 외에는 아무런 반응도 보이지 않았다. 하지만 이 보도가 사실이라면, 분명 이러한 편향[bias][07]은 세상에 존재하는 편견을 반영한 '야생의 데이터'가 사용되었기 때문에 해당 기계에 침투했을 것이다. 우려되는 문제는, 아마존보다 효율적이지 않은 내부 절차로 운영되는 다른 회사라면 자신들의 소프트웨어를 검증하지 못하거나 제때 중단하지 못할 수도 있다는 점이다.

2016년 5월 23일, 미국의 온라인 탐사 보도 언론 '프로퍼블리카[ProPublica]'는 일부 미국 법원에서 피고인이 상습범이 될 가능성을 평가할 때 사용하는 소프트웨어 도구에 관해 설명했다. 이 소프트웨어는 '컴퍼스Correctional Offender Management Profiling for Alternative Sanctions (COMPAS)'
라 불리며 뉴욕주, 위스콘신주, 캘리포니아주, 플로리다주를 비롯
한 미국 여러 주에서 법원의 판결을 보조하는 데 사용되었다. 컴퍼
스에서 높은 점수를 받으면 피고인이 자유롭게 풀려나는 데 실질
적인 영향을 줄 수 있다. 예를 들면 재판을 기다리는 동안 피고인
이 '보석'으로 석방될 가능성에 영향을 미치는 식이다. 이 기사는 컴
퍼스 점수가 흑인 그룹과 흑인이 아닌 그룹의 위양성률과 위음성률
을 비교할 때 흑인에 더 불리하게 편향되어 있다고 주장했다. 기사
의 결론은 '흑인은 백인보다 더 고위험군으로 분류되고도 실제로 재
범하지 않을 가능성이 거의 2배나 된다'는 것과 '백인은 흑인보다 더
낮은 저위험군으로 분류되고도 범죄를 또 저지를 가능성이 훨씬 크
다'는 것이었다.

이 기사는 떠들썩한 언론의 관심을 부추겼지만 모든 사람이 동
의하는 내용은 아니었기에 법적, 정치적, 학술적 논란으로 번졌다.
편향을 정의하고 측정하는 방식에 따라서는 전혀 다른 결론도 도출
할 수 있기 때문이다. 중요한 것은 (비록 코드를 공개하지는 않았지
만) 이 알고리즘의 제작자들은 피고인의 인종적 배경에 관한 정보
나 우편번호와 같은 명백한 대체 정보를 사용한 적이 전혀 없다고
분명히 밝혔다는 점이다. 이 소프트웨어는 피고인에 대해 137개의
질문을 하는데, 그중 약 40개의 질문은 재범의 위험을 판단하는 공
식에 의해 결합된다(나머지 질문들은 다른 점수를 계산하는 데 활
용된다). 여기에는 현재 나이, 처음 체포될 당시 나이, 폭력 전과,
직업 교육 수준, 규제 위반 이력 등의 영역이 포함된다. 이러한 행
동 신호 중 일부가 보호받는 정보를 알고리즘에 유출했을 가능성이

있을까? 독립적인 학자들이 더 나중에 진행한 연구 결과는 그렇지 않았음을 시사한다. 이 논란이 남긴 가장 중요한 결과는 알고리즘이 이미 현실에 적용되고 있는 이 민감한 영역에 대해 일반 대중의 관심이 생겼다는 것이다. 이러한 도구를 검증하는 일은 매우 어렵지만 대중의 신뢰를 위해 절대적으로 필요한 작업이기도 하다.

알고리즘 번역에서도 의도치 않은 편향이 생길 수 있다. 자연의 데이터에서 추출한 통계적 신호에 의존하기 때문이다. 이 책을 쓰는 시점 기준(2022년 6월)으로 구글 번역은 '대통령이 상원의원을 만나는 동안, 그 간호사는 의사와 베이비시터를 치료했다'라는 의미의 영어 문장을 이탈리아어로는 'Il Presidente ha incontrato il senatore, mentre l'infermiera ha curato il'로 번역했다. 이탈리아어에는 명사마다 성별이 존재하는데, 이 번역문에서는 간호사와 베이비시터가 여성이고 대통령과 상원의원 및 의사가 남성이라고 추정한다.

2022년, 네덜란드의 데이터 보호청은 세무당국이 납세자들에게 양육 수당과 관련한 부정 수급 가능성을 점수로 매기는 과정에서 인종 및 출신과 같은 보호받는 특성을 이용한 행위에 대해 370만 유로의 벌금을 부과했다. 언론은 해당 사건의 조사관들이 '자율 학습 알고리즘'이라고 정의한 소프트웨어 도구가 추가 조사가 필요한 납세자들을 필터링하는 데 사용되었으며, 수당 지원 신청의 위험 수준을 평가할 때 사용하는 특징 중 하나로 인종이 포함되었다고 보도했다. 기술적 세부 사항은 공개되지 않았지만 아마도 '알고리즘 편향'이라고 불리는 경우에 해당하는 것으로 보인다. 데이터 보호청 청장은 그 결과 일부 납세자들이 사기꾼으로 잘못 분류되어 기회에 대한 접근이 거부되었다고 주장했다. 만약 사실로 밝혀진다면 어떤 형태로든 실제 피해가 발생한 사례가 될 것이다.

ᵒᴵᶤ 현실에서 온 편향

이력서 선별 심사 알고리즘에 편향이 있는지 검증하는 과정은 보통 해당 알고리즘이 어떤 키워드에 의존하는지 검증하는 것만큼 간단하지 않다. 가장 최신의 인공지능 에이전트는 자기 지식을 수천 또는 수백만 개의 매개변수로 코드화하고, 방대한 양의 데이터를 사용하여 의사 결정에 사용되는 공식을 '조정'하기 때문이다. 알파고와 GPT-3의 창조자들이 자기 피조물의 행동을 실제로 설명하거나 예측할 수 없는 이유 중 하나이기도 하다.

2017년 수행된 어느 독창적인 연구에서는 보호받는 정보가 어떻게 유출되어 이러한 알고리즘의 핵심부에 도달할 수 있는지, 그럼으로써 결국 에이전트의 의사 결정에 포함될 의도하지 않은 신호를 에이전트에 어떻게 전달할 수 있는지를 보여주었다. 이 문제는 현대의 인공지능 에이전트 내에서 단어가 표현되는 방식과 관련이 있으며, 의도하지 않은 편향이 에이전트의 핵심부에 도달할 가능성을 야기한다. 지금부터 더 구체적으로 설명하겠다.

2010년대 초반부터 컴퓨터에서 단어의 의미를 표현할 때 사용한 방법은 고차원 공간(보통 300차원 이상)의 각 좌표에, 해당 공간에서의 근접성이 의미론적 유사성을 반영하도록 단어들을 할당하는 것이었다. 이러한 방식을 사용하면 텍스트의 심화 분석에 큰 도움이 되지만, 각 단어의 좌표를 구해야 하는 문제가 발생한다(이 절차를 '임베딩embedding'이라고 한다). 바로 이 지점에서 머신러닝이

'야생의 데이터'와 다시 한번 만나게 되는데, 주변에서 빈번하게 볼 수 있는 단어들을 기반으로 각 단어에 대한 고품질의 임베딩을 추출할 수 있지만, 그러려면 또 대량의 텍스트를 처리해야만 한다. 이 강력한 표현 방식은 영국 언어학자 존 루퍼트 퍼스[J. R. Firth]의 아이디어를 구현한 것이다. 퍼스는 1957년, 의미에 대한 자기 이론을 '단어가 곁에 두는 친구를 보면 그 단어를 알 수 있다'라는 슬로건으로 요약했다.

이러한 좌표를 얻어내는 구체적인 방법론에는 1980년대 IBM의 프레더릭 엘리네크가 전통적 언어 규칙보다 통계가 더 낫다고 주장하며 투쟁했던 역사가 분명히 반영되어 있다. 오늘날 대부분의 텍스트 분석 시스템은 '야생에서' 수집한 대규모 말뭉치에서 훈련된 단어 임베딩[word embedding]을 사용한다. 예를 들어 글로브[GloVe][08]는 총 8,400억 개의 단어를 포함하는 수백만 개의 웹페이지에서 수집된 임베딩 세트다. 이러한 웹페이지에는 위키피디아, 각종 뉴스, 블로그, 도서, 기타 다양한 유형의 데이터가 포함된다.

2017년에 아일린 칼리스칸[Aylin Caliskan]과 동료들은 이러한 단어 임베딩에 잠재적 편향이 있는지를 테스트한 결과, 직책 및 직무 설명과 같은 단어에 예상보다 더 많은 정보가 포함되어 있음을 발견했다. 일부는 남성적 개념과 관련한 좌표 쪽으로 약간 치우쳐 있고, 일부는 여성적 개념과 관련한 반대쪽으로 치우쳐 있다. 가장 남성적인 단어는 '전기 기술자', '프로그래머', '목수', '배관공', '엔지니어', '정비공'이었으며, 가장 여성적인 단어는 '미용사', '변호사 보조원', '영양사', '치료사', '접수원', '사서', '위생사', '간호사'였다. 이러한 편향은 일반 인구 분포의 고용 통계와 대략 유사했다. 학술 분야에서

기계의 반칙

도 비슷한 현상을 발견할 수 있는데, 예술과 인문학은 여성적 영역에 더 치우치는 식으로 표현되며 과학과 공학은 남성적 영역에 더 가깝게 표현된다.

이러한 정보들은 어떻게 해서 해당 좌표로 유출되었을까? 유일하게 가능한 설명은 자연 상태의 텍스트에서 직업을 나타내는 특정 단어가 남성적 단어와 관련하여 더 자주 나타나고, 다른 단어는 여성적 단어(예를 들면 여성을 가리키는 대명사)와 연관되어 더 자주 나타났다는 것이다. 야생에서 가져온 데이터를 사용한 것이 이 같은 편향을 만들어낸다. 이러한 설명 방식은 수백만 건의 신문 기사를 분석하여 다양한 주제와 국가에서의 성별 편향을 측정한 컴퓨터 사회과학자들이 발견한, 성별 편향에 대한 문서화된 연구 결과와도 잘 맞아떨어진다.

현재 인공지능의 형태를 탄생시킨 바로 그 치트키가 '원숭이 발'로 이어질 수 있는 상황까지 만들어낸 것으로 보인다. 예를 들어 이러한 임베딩을 이력서 선별 심사 소프트웨어에 사용하는 경우가 그럴 수 있다(실제로 이런 일이 있었는지 여부는 밝혀진 바가 없다).

🔗 다시, 원숭이 발

이번 5장의 요점은 인공지능의 핵심 목표에 포함되지도 않는 위험 평가 산업에서의 차별 위험성이 아니라, 기계가 '문자 그대로'만 작업을 수행하는 과정에서 발생할 수 있는, 피해에는 무관심한 '원숭이 발'이 될 일반적 위험성에 관한 것이다. 데이터 치트키를 사용하면 분명 그러한 결과로 이어질 수 있으며, 이는 다시 말해 지능형 에이전트에게 인간의 삶에 대한 통제권을 일부라도 양도하기에 앞서 에이전트를 신뢰할 방법을 개발해야 한다는 뜻이다.

누군가(또는 무언가)를 신뢰한다는 것은 곧 신뢰 대상의 능력과 선의를 믿는다는 뜻이며, 신뢰를 받으려면 이 두 가지를 모두 증명해야 한다. 위험 평가 산업을 예로 들면, 기술적 역량 측면에서는 우리에게 충분한 수준의 결과물을 보여주지 못했을 수도 있지만, 해당 기술로 무엇을 하려고 하는지에 관한 의도적 측면에서는 분명히 많은 것을 보여주었다. 예를 들어 지난 몇 년 동안 '신용 평가', '소셜미디어', '머신러닝'이라는 문구를 포함하는 연구 논문들이 여러 편 발표되었다는 사실을 간과하기는 어려울 것이다. 개인의 신용 위험을 추론하기 위해 온라인 행동을 활용하는 잠재적 비즈니스 모델이 존재하기 때문이다.

이와는 맥락이 조금 다르지만, 관련이 있는 어떤 뉴스 기사에 따르면, 2016년 영국의 주요 자동차 보험 회사 중 한 곳에서는 자동차 보험 소유자가 게시한 소셜미디어 정보를 기반으로 자동차 보험료를 책정하는 계획을 도입하고자 했다. 하지만 해당 계획은 페이스북이 자신들의 데이터를 그러한 방식으로 활용하는 것을 금지한다는 정책을 명확히 밝힌 후, 본격적 출시를 겨우 몇 시간 남기고 전면 취소되었다. 이제 그러한 정보들을 적절히 활용하여 이 중요한 영역을 규제하는 책임은 입법자들에게 달려 있다.

에이전트 자체에 대해서도 살펴볼 필요가 있다. 에이전트들이 일을 정확하게 수행하면서도 인간의 가치를 존중한다는 걸 어떻게 신뢰할 수 있을까? 에이전트가 이론이 없는 영역에서 작동하는 경우, 즉 행동 데이터의 통계적 패턴에만 의존할 수밖에 없는 경우라면 이는 결코 쉽지 않은 일이다. 현재 과학자와 철학자들은 투명성

transparency, 공정성fairness, 책임성accountability, 정확성accuracy, 감사 가능성
auditability이라는 신뢰의 여러 차원을 탐구하고 있다. 여기서 감사 가
능성이란 소프트웨어 도구가 처음부터 특정 기관과 같은 제3자가
쉽게 검증 및 감사할 수 있도록 만들어지는 것을 의미한다.

규제 영역에서는 감사 가능한 기술만 사용할 수 있도록 결정하
는 것도 괜찮은 방안일 수 있다. 다만 이렇게 규제할 경우에는 앞에
서 설명했던 '단어 임베딩'과 같은 기계에서 지식을 표현하는 방식,
즉 보르헤스의 외계적 구조와 유사하게 작동하여 예측의 목적을 달
성하기에는 유리하지만 인간의 언어로 번역할 수는 없는 방식을 기
계에서 사용하는 데 장애물이 될 수 있다.

사이버네틱스의 창시자인 노버트 위너는 1950년 출간한 예언
적 저서 『인간의 인간적 활용』에서 '원숭이 발'이라는 개념을 활용
해, 주어진 과제를 '문자 그대로'의 방식으로 달성하려 하고 인간이
생각지도 못한 (의도하지 않은) 길을 택하여 명령을 따르는 장치를
표현했다. 그로부터 70년이 지난 지금, 중요한 결정을 지능형 기계
에 맡기는 선택에 대한 그의 경고는 오늘날 상황과 놀라울 정도로
맞아떨어지게 들린다.

> "현대인은 기계가 내린 결정의 배경에 숨겨진 동기나 원칙에 대해 별다른
> 질문을 던지지 않고도 그 결정이 뛰어나다는 사실을 받아들일 것이다. 그
> 렇게 함으로써 인간은 조만간 윌리엄 위마크 제이콥스가 쓴 『원숭이 발』
> 에 나온 아버지의 입장에 놓이게 될 것이다. 이 아버지는 (2)백 파운드를
> 소원으로 빌었지만, 그 결과는 공장에서 사망한 아들에 대한 위로금으로
> 제시받은 (2)백 파운드였다." [09]

6장

마이크로타기팅과 대중 설득

인간이 온라인 에이전트와 상호작용할 때는 대량의 정보를 흡수하기도 하고 유출하기도 하면서 양방향 관계로 인간과 에이전트의 행동을 형성한다. 심리측정 및 설득의 기술은 이러한 온라인 상호작용과 결합되어 왔다. 인간이 자기결정권을 보호할 방법을 이해하려면 다양한 학문 사이의 접점에 대한 상당한 연구가 필요하며, 궁극적으로는 법적 규제도 필요하다.

✣ 함부르크에서의 하루

2017년 3월 5일 함부르크에서 열린 '온라인 마케팅 록스타^{Online} Marketing Rockstars' 세미나에서 알렉산더 닉스^{Alexander Nix}는 자신에게 완전히 매혹된 청중을 상대로 연설할 때만 해도, 이후 1년도 채 지나지 않아 본인의 삶이 얼마나 달라질지 상상도 하지 못했을 것이다. 짙은 색 정장에 얇은 넥타이, 두꺼운 뿔테 안경을 착용한 그는 '디지털 태생'의 열광적인 청중들보다는 영화 〈싱글맨〉에 출연한 콜린 퍼스^{Colin Firth}의 이미지에 더 가까웠다.

닉스의 강연 제목은 '매드맨에서 수학맨으로'[01]였는데, 데이터 과학과 행동 경제학이 온라인 광고 비즈니스를 어떻게 변혁했는지에 관한 내용이었다. 하지만 세미나 리플렛에는 닉스의 회사가 '영리한 마이크로타기팅^{microtargeting} 캠페인'과 '실행 가능한 설득 모델'을 통해 도널드 트럼프의 대선 승리를 어떻게 도왔는지에 관한 이야기를 할 것이라고 적혀 있었다. 회사 이름은 케임브리지 애널리티카^{Cambridge Analytica}였다. 닉스가 세미나에서 행동 심리학, 데이터 과학, 맞춤형 광고 간의 교차점을 설명하는 12분 동안, 청중은 인내심을 가지고 기다렸다. 닉스는 '정치 캠페인이 전달되는 방식을 형성하는' 이 세 가지 방법론을 소개했다. 전반부에서 그가 소개한 모든 사례는 제품 마케팅에서 비롯된 것이었다.

그는 발표를 시작한 지 3분 만에 "우리는 대상의 성격을 구성하는 특성을 탐지하는 도구를 출시했습니다"라고 밝혔다. "실험 심리학 분야의 최첨단 방식인 OCEAN 5요인 성격 모델을 사용합니다." 이어서 그는 OCEAN이 개방성^openness, 성실성^conscientiousness, 외향성^extraversion, 우호성^agreeableness, 신경질적 성향^neuroticism의 다섯 가지 성격 특성을 의미한다고 설명한 다음, 이처럼 다양한 성격 유형에 따라 여러 메시지를 타기팅하는 방법을 설명했다. "그렇게 하지 않으면 매우 다른 세계관을 가진 사람들에게 동일한 메시지를 보내는 결과가 발생할 수도 있습니다. 예를 들어 성실한 사람은 합리적인 사실 기반의 주장에 설득될 수 있습니다. 외향적인 사람에게는 자동차를 구매함으로써 얻게 될 감정을 불러일으키는 언어와 이미지를 사용합니다."

닉스는 "우리의 결정에 영향을 미치는 것은 바로 성격입니다"라고 결론지으면서 '맞춤형 광고', 다시 말해 소셜미디어에서 서로 다른 사람들에게 서로 다른 메시지를 전달하게 해주는 디지털 기술에 대한 아이디어를 소개했다. 그는 "대량 살포식 광고는 죽었습니다"라고 선언한 뒤 "예전에는 수백만 명의 사람들이 단 한 가지 형태로 구성된 광고 메시지만을 받곤 했다는 사실을 우리 아이들은 이해하지 못할 것입니다. 우리는 같은 집에 사는 남편과 아내가 같은 회사의 같은 제품에 대해 서로 다른 광고 메시지를 받는 것과 같이, 브랜드가 개인별로 따로 커뮤니케이션하는 시대로 옮겨가고 있습니다."

그중 무엇도 엄청나게 새로운 내용은 아니었지만, 12분을 기다린 끝에 청중은 마침내 기다림에 대한 보상을 받았다. 닉스가 당시의 선거에 대해 이야기하기 시작하자 강연장의 분위기는 조용히 가라앉았다.

그는 "자사에서는 2016년 6월부터 트럼프 후보의 선거 캠페인을 위한 작업을 시작했습니다"라고 말한 뒤, 어떻게 단 4개월 만에 디지털 광고에 1억 달러를 지출하고 14억 건의 노출 건수를 달성했는지, 그리고 어떻게 유권자의 투표 의도를 추론하고, 총기 소유나 이민 문제 등 유권자의 선택에 동기를 부여하는 이슈에 집중하여 유권자들을 모델링했는지를 설명했다. 이어서 "미국 전체의 성인에게 각기 다른 이슈를 할당했습니다"라고 마무리하면서 모든 작업의 성과로 트럼프 후보에 대한 호감도가 3% 순증했다고 언급했다.

발표의 마지막 순간, 닉스의 뒤에 펼쳐진 스크린에는 『데일리 텔레그래프』와 『월스트리트 저널』에서 발췌한 신문 기사 스크랩이 담긴 인상적인 슬라이드가 나타났다. 첫 번째 기사의 제목은 「트럼프가 백악관에 입성할 수 있었던 비결을 제공하는 마음 읽기 소프트웨어」였다. 두 번째 기사에는 '이 예상 밖의 승리는 심리학적 접근 방식에 기반하여 캠페인 타기팅 광고를 보조한 작은 데이터 회사의 쿠데타였다'라는 부제가 붙었다. 닉스는 겸손하게도 트럼프의 승리가 자신들의 심리측정 타기팅 덕분이었다고 직접 말하지는 않았지만, 그의 슬라이드 선택이 그의 마음을 대변하고 있었다.

이어진 Q&A 세션에서 닉스는 타기팅 광고에 사용된 심리측정 프로필을 어떻게 얻었는지에 대한 질문을 받았다. 그는 수십만 명에 달하는 대규모의 자원자 그룹을 대상으로 온라인 성격 테스트를 보게 함으로써, 알고리즘이 그들의 성격적 특성과 해당 사용자들에 대해 얻을 수 있었던 다른 데이터 간의 관계성을 발견하기에 충분한 데이터를 얻었다고 설명했다. 이 세부 사항은 나중에 논란의 대상이 되었지만 당시 청중은 완전히 매료되었다. 몇몇 비평가가 논란의 여지가 있는 후보자를 위해 일한 것에 대해 윤리적 문제를 제기하기는 했지만 발표 자체는 성공적으로 끝났다.

2017년 3월, 알렉산더 닉스는 명실상부한 '온라인 마케팅 록스타'였다. 그러나 곧 모든 게 달라졌다. 불과 1년 후, 그는 영국 의회에서 이 모든 내용을, 그리고 훨씬 더 많은 것들을 설명해야 했고, 얼마 지나지 않아 그의 회사는 파산했다.[02]

하지만 당장 인공지능과 사회 간의 상호작용에만 집중하는 우리에게 이 이야기는 직접적인 관심사가 아니다. 함부르크의 발표 자료 앞에서 자신의 성공을 만끽 중인 닉스는 잠시 내버려두고, 우리에게 중요한 문제를 생각해보자. 개인 정보를 기반으로 지능형 에이전트가 수행하는 개인화된 대규모 마이크로타기팅이 실제로 가능할까? 알고리즘이 실제로 서로 다른 유권자들에게 동일한 선택을 하도록 유도하는 최적의 방법을 찾을 수 있을까? 이 방법으로 선거 결과에 영향을 줄 만큼 유권자나 소비자의 행동을 크게 움직일 수 있을까? 이러한 방법은 어떻게 작동하며 누가 발명했을까?

함부르크로 가는 길

알렉산더 닉스가 설명한 아이디어 중 완전히 독창적인 아이디어는 없었다. 이전의 미국 선거 캠페인에서도 이미 개인화된 타기팅을 활용하여 공개 유권자 목록의 개인들을 소비자 행동에 관한 상업적 데이터 세트와 연결했고, 이를 사용하여 유권자들을 동질적인 소그룹으로 세분화하는 마이크로타기팅 방식을 사용했다. 또한 소셜미디어는 그전에도 미국 선거 캠페인에서 사용된 적이 있었다. 심리통계학적 세분화psychographic segmentation는 과학자들에게도 잘 알려져 있었다. 2016년 대선 캠페인 이전에 작성된 두 건의 연구 논문은 소셜 미디어 행동을 기반으로 성격 정보를 추론하는 방법과, 그 결과로 얻은 정보를 활용하여 '대중 설득'의 성과를 개선하는 방법을 설명했다.[03] 이 두 논문은 인간 사용자와 지능형 알고리즘 사이의 양방향 상호작용, 즉, 우리가 절실하게 좀 더 잘 이해해야만 할 상호작용에 관해 중요한 깨달음을 준다.

온라인 행동에서 심리측정 정보 얻기

2013년, 『미국국립과학원회보』는 페이스북의 '좋아요' 표현에 기반하여 서비스 사용자의 다양한 개인적 속성을 추론할 수 있음을 보여주는 연구 논문을 공표했다(앞서 5장에서 사용자의 '보호받는 특성'을 추론하는 문제를 다룰 때 일부 설명한 것과 같은 연구 논문이다). 이러한 개인적 속성은 해당 사용자의 성격 특성과 같은 심리측정적 구성 요소를 포함한다.

이 연구는 5만 8천 명의 자원자 그룹을 대상으로 이루어졌는데, 이 자원자들은 페이스북에서 작동하는 전용 앱을 이용하여 온라인 성격 테스트를 받고, 자신의 사용자 프로필 및 '좋아요' 정보를 연구자들과 공유하여 사용자별로 심리측정 정보와 행동 정보를 모두 포함하는 데이터 세트를 만드는 데 동의했다. 이 연구에서 제기한 질문은, 사용자의 온라인 행동을 기반으로 표준 성격 테스트의 결과를 예측(즉, 통계적으로 추측)할 수 있을지 여부였다. 그리고 놀랍게도, 알렉산더 닉스가 언급한 핵심 요소 중 하나인 이 성격 정보는 (지금부터 살펴보겠지만) 실제로 사람들의 공개된 온라인 행동에서 유추할 수 있다는 결론이 나왔다. 그 결과가 소셜미디어 사용자의 프라이버시와 자율성 측면에서 갖는 의미는 지금도 계속 연구가 진행되고 있다.

심리측정학 소개

심리측정학은 감정, 기술, 적성, 태도, 성향, 나아가 신념 및 편향처럼 직접 관찰할 수 없는 특성을 측정하는 학문이다. 이러한 측정은 종종 채용, 교육, 또는 포렌식을 목적으로 이루어진다. 어떤 소프트웨어 에이전트가 단순히 사용자의 행동 표본을 관찰하는 것만으로도 사용자의 성격 등 심리적 특성을 추론할 수 있다고 한다면 놀랍게 들릴 수 있지만, 실제로 모든 심리측정 테스트는 이러한 방식으로 수행된다. 다만 이러한 행동 신호들이 보통 공식적인 설문지 또는 (심리학에서는 보통 '도구instrument'라고 부르는) 일련의 표준화된 작업에 의해 제약을 받을 뿐이다. 심리측정적 특성은 관찰 불가능하며, 대상의 행동을 그 특성에 함축하고자 의도한 구성 요소이고, 테스트에 대한 응답에 존재하는 패턴을 설명하기 위한 가설로 상정한 잠재적 요인이다.

예를 들어, 성격 유형에 관한 표준 설문지는 다음과 같은 제시문들의 목록에 동의하는지 아니면 동의하지 않는지 질문할 것이다.

- 나는 사람들과 어울리는 게 편하다.
- 나는 집안일을 바로 끝낸다.
- 나는 기분이 쉽게 변한다.

답변에 포함된 상관관계와 사람들 사이의 차이점을 통계적으로 분석하면 대상의 몇 가지 '특성trait' 측면에서 이들을 설명하려는 모델을 만들 수 있다. 성격personality의 경우, 심리학자들이 1980년대 이래로 가장 많이 사용한 이론이 바로 빅파이브Big-Five 모델이라고도

하는 5요인 모델이다. 그에 따르면 성격, 그리고 궁극적으로는 행동의 차이를 대부분 다음과 같은 5가지 요인으로 설명할 수 있다(영문 앞글자를 따서 OCEAN이라고 한다).[04]

- **개방성**: 반복 지향적 성향에서 즉흥적이고 새로운 것을 지향하는 성향까지
- **성실성**: 무질서하고 충동적인 성향에서 규율을 따르고 신중한 성향까지
- **외향성**: 소극적인 성향에서 사교적인 성향까지
- **우호성**: 협조적이고 신뢰하는 성향에서 비협조적이고 의심하는 성향까지
- **신경질적 성향**: 불안하고 걱정이 많은 성향에서 침착하고 낙관적인 성향까지

이 다섯 가지 요인의 점수는 '실제 그런 성향이 존재하는지 여부'와 관계없이 과거의 행동으로부터 추론할 수 있으며 그 결과 미래의 행동을 예측할 수 있다. 이 점수는 대상의 사고방식과 행동을 함축하는 것으로 여겨진다. 이 점수는 연속적인 테스트에서도 상당한 수준으로 신뢰할 수 있었고, 대상의 일생 동안 상대적으로 안정적이며, 초기 경험이나 유전에 의해 형성되고, 중독과 같은 특정한 삶의 결과와 상관관계가 있는 것으로 밝혀졌다. 물론 이러한 점수는 단 한 번의 관찰로 추정할 수 없으며 그것으로 개인의 결정까지 예측할 수는 없지만, 대량의 관찰을 종합함으로써 최종적으로 확인된 행동의 통계적 패턴과 상관관계를 보인다.

좋은 '도구'라면 같은 질문을 다른 표현 방식으로 반복하고, 정확성을 확보하기 위해 다른 수단들도 사용할 수 있다. 하지만 '현장 관찰'에서 얻은 행동 표본을 사용해서는 안 된다는 이론적 근거는 없다. 원칙적으로는 설문지가 없어도 심리측정 평가를 만들어낼 수 있다. 행동 표본, 예를 들면 온라인에서의 행동 등에 접근할 수만 있다면 가능하다.

예를 들어보자. 심리학자 제임스 페네베이커[James Pennebaker]는 대상의 잠재된 심리적 특성이나 감정 상태를 추론하기 위해 그 대상의 단어 선택을 연구하는 방법을 개척했고, 페이스북은 2012년 온라인 게시물에서 해당 사용자의 성격 특성을 추론하는 유사 텍스트 기반 방법을 활용하여 콘텐츠와 광고 추천을 개선하는 개념을 바탕으로 특허를 출원했다.

또 다른 2018년 논문에서는 응급실 내원 환자 683명(이 중 114명은 우울증 진단을 받은 환자)을 연구하고, 환자들이 병원을 찾기 직전 몇 달 동안 페이스북에서 사용한 단어를 분석한 결과가 우울증 환자를 식별하는 데 유의미한 의미를 가진다는 사실을 알아냈다. 따라서 '좋아요'와 같은 공개적 표현 또한 어떤 심리측정 정보를 담고 있다고 보아도 크게 이상하지는 않다.

페이스북 사용자는 '좋아요' 버튼으로 책, 영화, 각종 활동 등 다양한 대상이나 아이디어에 대한 자신의 수용성을 표현할 수 있다. 그리고 이것만으로도 해당 사용자에 관한 많은 것을 알 수 있다. 예를 들어 어떤 아티스트를 좋아한다는 사실을 표현함으로써 연령, 인종, 가치관, 그리고 무엇보다도 중요한 미적 취향에 대한 정보가 드러날 수 있다. 또한 요리나 독서와 같은 활동을 좋아한다는 사실만으로도 자신의 선호도가 알려질 수 있다.

심리측정 연구

총 5만 8천 명의 사용자에 대한 이러한 공개적 표시를 분석한 이 연구의 저자들은 다음과 같은 영리한 질문을 던질 수 있을 만큼 충분한 통계적 정보를 수집했다. "이 사용자들이 성격 테스트를 받는다면 그 결과를 예측할 수 있을까?"

이렇게 질문하면 '입증'에서 발생하는 문제, 즉 테스트 점수가 실제로 주어진 특성에 관한 정보를 담고 있다는 것을 증명해야 하는 모든 문제를 피해갈 수 있다. 이 질문은 어떤 표준 테스트의 결과를 예측하는 문제인 만큼, 입증의 문제를 결국 해당 테스트 도구로 전가할 수 있기 때문이다.

연구 팀은 대상자들에게 페이스북 앱을 통해 '100개 항목 국제 성격 항목 풀International Personality Item Pool(IPIP)'이라는 5요인 특성에 관한 표준 성격 테스트에 참여하도록 했고, 그 결과를 해당 사용자들이 자기 페이지에 공개한 '좋아요' 수와 비교했다. 그리고 머신러닝 알고리즘을 이용하여 이 두 가지 별도 정보, 즉 '좋아요'와 '성격 특성' 간의 상관관계를 학습시키고, 이 상관관계를 별도의 사용자 그룹을 대상으로 테스트했다.

비록 완벽하게 맞아떨어지지는 않았지만, 이러한 학습 알고리즘이 '새로운' 사용자에 대해 예측한 성격 점수는 모두 실제 테스트 결과와 상당히 유의미한 상관관계를 보였다. 이 중요한 관찰 결과는 통계적 지표인 상관계수correlation coefficient로 표현할 수 있는데, 상관계수가 0이면 예측한 테스트 점수가 실제 결과와 전혀 상관관계가 없고, 1이면 완전한 상관관계가 있다는 것을 의미한다. 우호성의 경우에는 상관계수가 0.3이었다(이 값을 얼마나 정확하게 추정할 수 있는지에 대한 기준으로 삼는 검사–재검사 정확도[05]는 0.62). 외향성의 상관계수는 0.4였으며(검사–재검사 정확도 0.75와 비교), 성실성은 0.29(0.7과 비교), 개방성은 0.43(0.55와 비교)으로 나타났다. 개방성에 대한 결과에서 알고리즘 정확도가 해당 심리측정 지표의 검사–재검사 기준에 근접했다는 사실에 주목하자. 이 결과를 다른 말로 바꾸면, 온라인 활동은 성격 유형과 상관관계가 있는 정보를 드러낸다고 할 수 있다.

예를 들어 가수 니키 미나즈Nicki Minaj를 좋아하는 것은 외향성과 강한 상관관계가 있었다. 헬로키티 캐릭터를 좋아하는 것은 개방성과 관련이 있었다. 또한 연구자들은 다른 심리측정 테스트를 사용하여 사용자들의 IQ에 대해서도 연구하고 추측할 수 있었는데, 일례로 흔하지 않은 '용수철 감자curly fries' 태그에 '좋아요'를 누르는 경우에는 높은 IQ를 나타내는 경향이 있었다.

이 연구 결과는 알렉산더 닉스의 주장으로 제기된 첫 번째 질문에 대한 답을 제시한다. '좋아요'와 같은 소셜미디어 사용자의 공개적 표현에 기반하여 해당 사용자의 성격 유형을 알아내는 건 실제로 가능한 일이다. 여기에 더 많은 정보를 추가하거나 훈련 데이터를 추가한다면 더욱 개선된 결과를 얻을 수도 있을 것이다. 물론 그러려면 사용자의 '충분한 정보에 의한 동의'와 같은 몇 가지 문제가 제기될 수 있지만, 그에 관해서는 따로 논의하겠다.

이 연구 결과가 앞서 언급한 GPT-3 또는 알파고와 관련해 논의한 내용들과 연관성이 많다는 점에 주목해야 한다. 특히 인공지능 에이전트가 인간이 할 수 있는 것보다 훨씬 더 많은 양의 훈련 데이터를 관찰할 기회를 가지는 또 다른 사례라는 점에서 그렇다. 2015년에 수행된 후속 연구에서는 알고리즘의 성격 판단을 사용자 친구들의 성격 판단과 비교했고, 그 결과 기계의 예측이 인간과 비슷하거나 때로는 더 나은 것으로 나타났다.

동일한 자극 원인에 대해 사람들이 서로 다른 방식으로 반응한다는 사실은 널리 알려져 있으며, 이는 의학에서 교육, 마케팅 분야에 이르기까지 모든 유형의 개인화의 기초를 형성한다. 모집단을 동질적인 하위 집단으로 세분화하면 각 집단을 서로 다르게 타기팅 할 수 있다. 세분화는 전통적으로 인구통계학적 기준인 연령 또는 성별 등에 따랐지만, 지금은 관심 대상이나 개인적 이력 등과 같은 행동 기준에 의해 세분화할 수도 있다.

함부르크에서 닉스에 의해 제기된 두 번째 과학적 질문은 다음과 같다. 서로 다른 설득력 있는 메시지를 서로 다른 심리적 유형에 전달하면 더 효과적으로 마케팅 할 수 있을까? 즉, 특정 온라인 사용자 그룹에 특정 메시지를 직접 전달하는 맞춤형 광고가 기술적으로 현실화된 만큼, 심리측정 기준에 따라 사용자 모집단을 세분화하면 어떤 이점이 있을까? 이 질문에 대한 답은 같은 연구자 그룹 중 몇몇이 2016년 미국 대선 이전에 수행했지만 대선 이후에야 공개된 두 번째 연구 결과에서 찾을 수 있다.

대중 설득 이야기

온라인 광고는 대규모의 숫자 게임이다. 보통 0.1% 미만의 사람들만 프로모션 링크에 참여하지만, 광고 캠페인 자체는 수백만 명의 사람들에게 도달한다. 메시지의 성과는 프로모션 링크를 클릭하는 타깃 사용자 비율을 나타내는 '클릭률click through rates (CTR)'과, 판매 등 특정 행위로 연결되는 클릭 비율을 나타내는 '전환율conversion rates'로 측정된다. 이러한 기본 비율에서 작은 변화만 있어도 대규모 대상자로 확장될 때는 매우 큰 차이를 보일 수 있다. 극단적인 사례로, 2000년 미국 대통령 선거 당시 당선자는 플로리다주에서 537표 차이로 결정되었다. 이러한 작업은 대부분 최고 성공률을 달성하기 위해 최고의 메시지를 최고의 하위 대상자 집단과 매칭시키려는 방식으로 진행되는데, 지난 수십 년간 예술에서 과학 영역으로 빠르게 변화해왔다.

앞서 살펴본 2013년 연구 논문의 저자 중 일부는 2014년, 서로 다른 청중에게 각각 다른 메시지를 보내는 효과를 테스트할 목적으로 세 종류의 온라인 광고 캠페인에서 총 350만 명의 사람들에게 광고를 전달했다. 이 책에서 살펴보고 있는 주제를 고려한다면, 이러한 연구야말로 진정한 실험이라고 생각할 수 있다. 이 세 가지 실험이 참신했던 점은 대상자들이 성격 정보에 따라 세분화되었고, 각 성격 유형의 특성에 맞게 여러 메시지를 만들었다는 점이다. 과연 사람들은 자신의 성격 유형과 '일치하는congruent' 메시지에 대해 서로 다르게 반응할까?

연구진은 이 연구를 위해 페이스북이 유상 광고주에게 제공하는 것과 동일한 광고 플랫폼을 채택했다. 해당 플랫폼은 대상자를 성격 유형에 따라 세분화하도록 허용하지는 않지만, 하위 대상자들이 '좋아요' 표시한 정보를 기반으로 광고주가 해당 대상자들에게 특정 메시지를 전달할 수 있도록 허용한다. 이러한 방식으로, 앞절에서 논의한 결과를 사용하여 특정 성격 유형에서 통계적으로 더 밀도가 높은(또는 더 풍부한) 대상자를 식별하고 그들에게 도달할 수 있게 되었다.

실험 1: 외향성과 뷰티 제품

이 연구에서는 여성 사용자들의 페이스북 페이지에 7일 연속으로 같은 뷰티 소매업체의 광고가 여럿 게시되었다. 이러한 메시지는 사용자의 '좋아요'에서 추론할 수 있는 외향성과 내향성의 정도에 따라 조율되어 다양한 버전으로 제공되었다. 예를 들어 외향적인 사용자는 '춤추기'에 대한 '좋아요'를 통해 식별하고, 내향적인 사용자는 TV 드라마 〈스타게이트Stargate〉와 같은 콘텐츠에 대한 '좋아요'로 식별했다. 외향성 유형을 위한 메시지에는 '주목받는 것을 사랑해'와 같은 슬로건이 포함되었고, 내향성 유형을 위한 메시지에는 '아름다움은 내세울 필요가 없습니다'와 같은 슬로건이 포함되었다. 이 캠페인은 약 300만 명의 사용자에게 도달했으며, 해당 소매업체의 웹사이트에서 약 1만 건의 클릭과 약 390건의 구매를 유도했다.

연구자들은 사용자의 성격 유형에 일치하는 광고와 일치하지 않는 광고를 의도적으로 제시한 결과 '일치하는 광고'에 노출된 사용자가 '일치하지 않는 광고'에 노출된 사용자에 비해 구매 가능성(전환율)이 1.54배 더 높다는 걸 관찰할 수 있었다. 한편으로 클릭률에는 중요한 영향이 없었다. 이러한 효과에 큰 차이가 없는 듯 보일 수 있지만 실제로 성격 유형에 일치하는 메시지의 경우에는 광고 수수료율이 50% 증가했고, 통계적으로 유의미했으며, 연령 요소를 통제한 뒤에도 강건한 특성을 보였다.

실험 2: 개방성과 가로세로 낱말퀴즈

두 번째 캠페인의 목표는 사용자의 새로운 경험에 대한 개방성, 즉 관습보다는 참신함을 선호하는 정도에 따라 설득 메시지를 맞춤화하여 해당 사용자가 '가로세로 낱말퀴즈' 앱을 사용하도록 유도하는 것이었다. 이 광고 캠페인은 12일간 페이스북, 인스타그램, 오디언스 네트워크Audience Networks의 광고 플랫폼에서 진행되었다. 첫 번째 캠페인과 마찬가지로, 두 종류의 대상자 그룹과 두 종류의 메시지를 특정하여 두 그룹을 두 가지 메시지에 모두 노출했다. 개방성이 높은 것으로 간주되는 사용자를 식별하기 위해 사용한 '좋아요' 정보에는 '싯다르타Siddhartha'라는 단어가 포함되었고, 개방성이 낮은 사용자의 정보에는 'TV 시청'이라는 단어가 포함되었다. '높은 개방성'의 사용자를 위한 메시지는 예를 들면 '무제한 가로세로 낱말퀴즈로 당신의 창의력을 해방하고 상상력의 한계에 도전하세요'일 것이고, 해당 특성의 수준이 낮은 사용자를 위한 메시지는 '여러 세대에 걸쳐 플레이어들을 시험에 빠뜨린 스테디셀러 게임, 가로세로 낱말퀴즈로 게임 유목민 생활을 끝내세요'가 될 것이다.

이 캠페인은 84,176명의 사용자에게 도달했고, 1,130회의 클릭을 유도했으며, 500건의 앱 설치라는 성과를 올렸다. 이 캠페인에서 평균적으로 일치하는 조건의 사용자는 일치하지 않는 조건의 사용자보다 클릭 확률이 1.38배, 앱 설치 확률이 1.31배 더 높았다. 다시 말해, 타깃형 광고가 클릭과 전환 모두에 도움이 되었다는 의미다. 연령, 성별, 광고 성격과의 상호작용 요소를 통제한 후에도 그 효과는 강건했다. 사용자의 성격에 따라 메시지를 맞춤화한 결과 메시지에 대한 참여도는 30% 이상 증가했다.

앞에서 설명한 두 가지 실험은 주어진 상품에 적합한 고객을 찾는 작업이라는 마케팅 철학과 어울리며, 따라서 이는 고객에 대한 서비스라고 부를 수 있다. 그러나 다음에 설명할 세 번째 실험은 함부르크에서 선거 캠페인에 대해 묘사했던 방식에 더 가깝다. 어느 유권자 집단과 의도하는 결과가 주어졌을 때, 해당 유권자들을 의도한 결과로 이끄는 최선의 방법을 찾는 것이 그 캠페인의 과제였다. 이 작업은 닉스가 '같은 집에 사는 남편과 아내가 같은 회사의 같은 제품에 대해 서로 다른 메시지를 받는 것'이라고 말했던 예시와 유사하다. 이는 아마도 '설득'의 표준 정의에 더 가까울 것이다(7

장에서 행동 경제학에 관해 논할 때 더 자세히 설명하겠다).

실험 3: 내향성과 버블 슈터 게임

세 번째 실험의 핵심적인 특징은 최고의 사용자나 제품을 선택할 수 있는 자유 없이, 최선의 메시지만을 선택할 수 있었다는 점이다.

이 캠페인의 목적은 페이스북에서 버블 슈터bubble shooter 유형의 비디오 게임 앱을 그와 유사한 게임들의 목록에 이미 연결된 사용자들에게 홍보하는 것이었다. 사용자 목록도 미리 정의되어 있었고, 의도하는 결과도 정해져 있었던 만큼, 이 심리측정 타기팅을 위한 유일하게 남은 결정 사항은 어떤 메시지가 가장 뛰어난 활용도를 보여줄지에 대한 것이었다. 즉, 이 캠페인에서는 사용자에게 최선의 제품을 찾거나 제품에 관심 있는 사용자를 찾아내는 것이 아니라, 특정 사용자를 설득하여 사전에 의도된 결정을 내리도록 설득하는 최선의 방법을 찾아내는 것이 목표였다.

원래 준비된 메시지는 '준비하시고, 쏘세요! 지금 당장 최신 퍼즐 슈팅 게임을 해보세요! 강렬한 액션과 두뇌를 자극하는 퍼즐!'이었다. 하지만 정해진 사용자들의 '좋아요'를 분석한 결과 그들의 보편적 성격 유형이 '내향적'인 것으로 드러났으므로, 이러한 대상자의 심리적 요구 사항에 어울리는 새로운 문구를 만들어냈다. '휴우! 힘든 하루였나요? 하루를 마무리할 퍼즐은 어떨까요?'

이 두 광고 모두 페이스북에 7일 간 게시되어 50만 명 이상의 사용자에게 도달했고, 3천 회 이상의 클릭을 유도했으며, 1,800건 이상의 앱 설치라는 성과를 올렸다. 심리 유형에 맞춰 수정된 광고는 표준 유형의 광고보다 더 많은 클릭률과 설치 건수로 이어졌다. '일치하는' 메시지의 클릭률과 전환율은 각각 1.3배, 1.2배 더 높았다. 대상자와 결과가 이미 모두 사전 정의된 상태였기 때문에, 더 일치하는 메시지를 선택한 것 자체가 참여도를 20% 증가시켰다. 이러한 상황은 예를 들어 유사한 원칙에 기반하는 선거 캠페인에서, 가상의 투표 접전 지역에서의 유동층 유권자 집합이 식별되었을 때 그들의 성격 프로필에 따라 일치하는 메시지를 만들어내는 일과 가장 비슷할 것이다.

이는 행동경제학자들이 '넛지nudge'라고 부르는 것, 즉 주어진 선택지를 제시하는 방식에 변화를 주되, 선택지 자체나 선택지의 경제적 이득을 변경하지는 않는 방식의 한 예로 볼 수 있다. 넛지에 대해서는 7장에서 더 자세히 논의할 것이다.

2017년에 발표된 이 세 가지 실험을 종합해보면, 온라인 행동에서 추론한 성격 정보를 활용하여 가장 설득력 높은 메시지를 선택할 경우 참여율을 약 30%까지 높일 수 있음을 알 수 있다. 이 실험을 수행한 연구자들은 대상자가 '좋아요'를 누른 항목에만 기반해 그들을 간접적으로 세분화할 수밖에 없는 제한된 통제력만 가지고 있었다. 그럼에도 이러한 성과를 보였다는 점에서 매우 고무적인 성과라 할 수 있다. 만약 다양한 행동 신호를 이용해서 더 정밀하고 직접적인 세분화를 수행한다면 이러한 효과를 더욱 개선할 수도 있을 것이다.

2017년에야 공개된 이 실험에 대한 연구 논문은 이러한 세 가지 실험에서 얻은 교훈을 다음과 같이 요약했다. "(…) 심리적 타기팅을 적용하면 대상자의 심리적 요구에 맞는 설득력 있는 호소를 조정함으로써 대규모 집단의 행동에 영향을 미칠 수 있다."

기계의 반칙

⊶ 로제타 스톤 방식

케임브리지 애널리티카의 연구자들이 페이스북에서의 공개적 표시를 기반으로 개인 정보를 추론하고자 사용한 방법은 앞서 2장에서 설명한 '치트키'를 만들기 위한 일반적 접근 방식의 한 예일 뿐이다. 이 책에서는 이를 '로제타 스톤^{Rosetta Stone} 접근법이라고 부르겠다. 이 용어는 고고학자들이 상형문자를 해독할 수 있었던 비석의 이름에서 따온 것으로, 과거 프톨레마이오스 5세가 공포한 내용을 세 종류의 번역본으로 만들어 새긴 석판을 가리킨다. 같은 정보에 대한 서로 다른 설명, 예를 들어 동일한 페이스북 사용자에 대한 다른 조회 정보가 있을 때, 통계적 알고리즘을 사용하여 이들 간의 관계성을 발견하고 한쪽 표현 방식에서의 추가 정보를 다른 표현 방식으로 변환할 수 있다.

이러한 방식으로 페이스북 사용자의 '좋아요' 정보를 그들의 성격 테스트 점수와 연결하고, 이러한 연결을 사용하여 신규 사용자의 성격을 예측할 수 있다. 또는 어떤 사용자의 인구통계학적 정보를 해당 인구통계학 그룹의 구매 정보와 연결하거나, 어떤 언어에서의 텍스트를 다른 언어에서의 동일한 텍스트에 연결할 수도 있을 것이다.

이러한 접근 방법은 두 가지 표현 방식 중 하나가 비용이 많이 들거나 공개적으로 접근하기 어려운 반면, 다른 표현 방식은 비용이 적게 들고 공개되어 있을 때 유용하다. 이때는 그저 저렴하거나 공개된 대상을 관찰하는 것만으로도 많은 사람에 대한 값비싼 속성을 추론할 수 있다. 꼭 필요한 내용보다 더 깊이 이해할 필요는 없다. 다른 말로 하자면 치트키를 써서라도 목적에 도달하면 된다.

이러한 아이디어는 역사적으로 자주 활용되었는데, 더 큰 모집단의 모든 구성원에 대한 인구통계학적 세부 정보나 구매 이력을 사용할 수 있을 때는 소수의 전화 설문조사를 통해 다수 집단의 투표 또는 구매 의도를 추론할 수 있었다. 예를 들어, 이러한 분석을 통해 와인을 구매하는 기혼 유주택자는 민주당에 기우는 성향을 보이거나 또는 운동화를 구매할 가능성이 높다는 걸 알 수 있으므로 더 정확하게 타기팅할 수 있다.

그 외에도 소셜미디어 콘텐츠를 기반으로 신용 점수를 예측하는 일부터, 임신 가능성이 있는 고객을 식별하는 일, 복지 시스템에서 잠재적 부정 수급을 탐지하는 일, 경쟁업체의 상품으로 갈아타려는 사용자를 탐지하는 일 등에 이르기까지 다양한 용도로 활용되거나 시도되고 있다. 이러한 모든 추론에는 대상자의 협력이 필요하지 않은 만큼, 소셜미디어 사용자들의 성적 취향을 예측하고자 시도했던 최근의 연구 또는 비슷한 방식으로 거짓말 탐지기를 만들 수 있다는 몇몇 주장과 같은 윤리적 문제들이 제기될 수 있다.

전통적인 마케팅 통계학자라면 인구통계학적 정보를 통해서든, 아니면 구매 행동이나 온라인상 표시를 통해서든 결국 이들 모두 모집단의 '세분화' 사례에 불과하다고 할 수도 있다. 최신 유행에 더 가까운 데이터 과학자라면 특정 제품에 관심을 보인(예를 들면 신발을 구입한) 사용자들이 '복제^{cloned}'되었다거나 또는 유사 사용자, 즉 '닮은꼴^{lookalikes}'을 발견했다고 할 수도 있다. 오늘날 온라인 행동에 기반한 정밀 세분화에서의 핵심적 측면은, 이런 작업을 매우 개인적인 대량의 행동 정보에 기반하여 수행한 뒤에, 머신러닝 분석까지 하는 경우가 많다는 것이다.

기계의 반칙

이 접근 방식이 대중화되는 데 특별한 영향을 미친 이야기가 하나 있다. 물론 일부는 실제 있었던 사실이 아닌 내용으로 밝혀지긴 했지만 여전히 회자되는 이야기로, 각종 콘퍼런스나 영업 목적 발표에서 데이터 기반 마케팅의 힘을 설명하는 우화로 여전히 활용되고 있다.

임신한 어린 딸 이야기

2012년 『뉴욕 타임스』는 수년 전, 미국의 대형 소매유통 체인점 '타깃Target'의 데이터 분석가들이 미래 충성도를 확보하기 위해 임산부 고객들에게 할인 쿠폰을 보내기로 했다고 보도했다. 그들은 멤버십 카드 및 기타 수단을 통해 생성된 방대한 고객 목록과 구매 이력 정보에 접근할 수 있었다. '로제타 스톤'을 만들기 위해서는 임신한 것으로 알려진 고객들의 명단이 필요했으므로, 출산 축하 파티용으로 받고 싶은 선물 목록 및 자율 등록을 유도하는 여러 유사 방법을 써서 그러한 정보를 조합해 수집했다.

당시 기사에 따르면, 두 데이터 세트를 결합해 분석한 결과 실제로 특정한 구매 행동을 통해 고객의 임신 여부뿐만 아니라 임신 단계까지 알 수 있다는 사실이 밝혀졌다. 예를 들어 무향 로션은 임신 중기가 시작될 때부터 구매하며 '임신 첫 20주 이내에 칼슘, 마그네슘, 아연과 같은 보충제를 잔뜩 구매'한다는 사실이 밝혀졌다. 이 기사는 타깃의 데이터 분석가들이 "정보를 종합적으로 분석했을 때, 각 구매자에게 '임신 예측' 점수를 할당할 수 있는 25개의 제품을 식별할 수 있었다"라고 썼으며, 또한 "좁은 오차 범위 내에서 출산 예정일을 추정할 수 있었기에 타깃은 임산부의 구체적인 임신 단계에 맞춰 할인 쿠폰을 보낼 수 있었다"고 설명했다.

해당 기사는 타깃이 보내온 개인 맞춤형 쿠폰을 받고 나서야 딸이 임신했다는 사실을 알게 된 아버지에 대한 흥미로운 이야기도 포함하고 있어 급격히 인기를 얻었다. 물론 이 이야기는 대부분 사실이 아니었지만, 실제로 할인 바우처는 전송되었고, 회사는 (다른 성공담들과 마찬가지로) 결국 이익을 얻었으며 분석가는 승진했다.

이와 같은 방법에서 중요한 요소는 당연히 전체 모집단과 관련된 공개 데이터다. 타깃이나 페이스북이 아닌 기업이 어떻게 이러한 데이터에 접근할 수 있을까? 케임브리지 애널리티카는 어떻게 그렇게 짧은 시간 내에 데이터를 확보할 수 있었을까? 사실은 '로제타 스톤' 방식을 둘러싼 전체 생태계가 존재하며, 여기에는 데이터 브로커 사업도 포함되는 것으로 밝혀졌다.

데이터 브로커

"텍사스주 오스틴의 텔레비전 시장에서 3만 달러 이상의 소득을 올리는 민주당 성향의 아시아계 미국인이 몇 명이나 되는지 정확히 알고 싶은가? 워싱턴 DC의 정치 데이터 마이닝 업체인 카탈리스트 Catalist는 그 답을 알고 있다." 2008년 6월 미국 저널리스트이자 작가인 개릿 그라프Garrett Graff가 『와이어드Wired』지에 발표한 글의 인상적인 도입 문장이다. 이 글의 제목은 「투표 예측: 여론 조사원이 작은 투표 집단을 식별한다」였으며, 민주당이 정치적 마이크로타기팅 회사에 투자하는 방식을 설명했다. 또한 "그들은 모든 18세 이상 미국인의 정치적 활동, 즉, 등록 투표소가 어디인지, 특정 정당에 얼마나 강한 동질감을 갖고 있는지, 어떤 이슈가 이들을 청원에 서명하거나 기부하게 하는지 등을 기록하고 있다"고 덧붙였다. 나아가 공화당도 그에 상응하는 프로젝트를 운영하고 있으며, 이러한 데이터

베이스가 '450개 이상의 상업적 및 사적으로 확보할 수 있는 데이터 계층layer을 통해' 계속 증가하고 있다고 썼다.

이는 실제로 영국 정보위원회(ICO) 조사를 통해 케임브리지 애널리티카 서버에서도 발견된 주요 데이터 유형으로, 직접 마케팅 목적으로 데이터를 수집, 연결, 결합 및 판매하는 사업을 하는 상업적 데이터 브로커로부터 합법적으로 획득해 공개적으로 사용할 수 있는 데이터 세트다. 데이터 브로커 사업은 전통적인 직접 마케팅 회사나 신용 위험 평가 회사에서 시작했지만 이제는 개인 데이터의 수집, 큐레이션, 판매로 변화했다. 데이터 브로커는 멤버십 카드 프로그램이나 공개적 기록과 같은 다양한 출처에서 나오는 정보를 구매하여 이를 결합한다. 미국의 모든 성인에 대한 데이터를 보유하고 있다고 자랑하는 회사도 있다.

미국에서는 정치적 운동을 하는 사람들도 유권자 등록부에 접근할 수 있다. 유권자들은 유권자 등록을 해야 하며, 많은 주에서 어떤 정당의 경선(정당의 실제 후보자를 선택하는 절차)에 참여하려면 해당 정당에 당적을 등록해야 한다. 선거운동본부는 이러한 유권자 정보에 접근할 수 있는데, 여기에는 최소한 개별 유권자의 이름, 주소, 소속 정당 정보가 포함되어 있다. 투표 의향과 관심 사안에 대한 전화 여론조사 결과와 이러한 데이터의 조합은 지난 2008년 오바마 후보의 선거 캠페인에서 사용되어 맞춤화된 타기팅 메시지를 전달할 수 있게 했다.

소셜미디어 기업이 광고주에게 제공하는 맞춤형 광고는 하위 대상자 그룹의 행동을 기반으로 해당 그룹을 타기팅할 수 있는 편리한 수단을 제공한다. 따라서 알렉산더 닉스는 함부르크에서 청중에게 "대량 살포식 광고는 죽었습니다"라고 말할 수 있었던 것이다.

🐾 인간의 자율성에 대하여

앞에서 소개한 '대중 설득'과 '비공개 특성'에 관한 두 논문의 내용은 예외적인 산출물에 속한다. 이러한 유형의 연구 대부분은 영리 기업 내부에서 수행되어 공개될 필요가 없기 때문이다. 따라서 이 두 연구는 인간 사용자와 지능형 알고리즘 간의 양방향 상호작용, 다시 말해 우리가 더 절실하게 제대로 이해해야 하는 상호작용을 들여다볼 수 있다는 점에서 중요하다. 이 두 보고서를 함께 살펴보면, 알렉산더 닉스가 과감하게 제기했던 질문에 대한 답을 찾을 수 있다. 온라인 행동에서 성격을 추론하고, 그 정보를 이용하여 메시지 타기팅에 영향을 주는 일은 실제로 가능하다. 나아가 성격에 대한 알고리즘의 평가 품질이 인간이 평가하는 것만큼이나 우수한 수준에 육박할 수 있다는 것도 사실이다.

여기서 우려되는 문제가 있다. 세 명의 연구자가 그토록 적은 자원으로 그렇게 많은 일을 해낼 수 있었다면, 훨씬 더 많은 데이터와 통제력을 보유한 기업에서는 도대체 얼마나 많은 일을 할 수 있을까? 실제로 마케팅의 세계는 인공지능의 핵심 관심사가 아니었음에도 불구하고 인공지능 혁명이 일어났다.

이 분야의 몇몇 결과는 아직 충분히 이해되지 않은 만큼 더 많은 연구가 필요하다. 그 이유 중 하나는 이러한 결과가 서로 매우 다른 영역이 교차하는 접점에서 발생하기 때문이다. 그러한 영역이야말로 우리가 상호작용의 두 가지 측면, 즉 웹 인터페이스가 사용자에 관한 개인 정보를 어떻게 이끌어내는지, 그리고 해당 정보를 어떻게 사용하여 사용자를 특정 방향으로 넛지하는지에 관해 함께 살펴보면서 이해해야 할 지점이다.

일련의 대중 설득 실험에서 세 번째 실험이 갖는 의미를 살펴보는 건 특히 중요하다. 이 실험은 특정 개인이 사전 지정된 작업을 수행하도록 설득하는 데 가장 효과적인 메시지를 선택하기 위해 성격에 관한 정보를 활용하는 실험이었다. 이러한 실험 설정을 서비스라기보다는 일종의 조작 사례로 간주하는 사람도 있을 것이다. 중요한 점은, 이러한 심리측정 방법들은 사용자의 협력이나 인식이 필요하지 않은 만큼 동의 문제에 관한 큰 우려를 불러일으킨다는 사실이다.

더욱 중요한 문제는 이러한 방법이 외부의 조작으로부터 자유롭고, 충분한 정보에 입각해 강요되지 않은 결정을 내릴 수 있는 능력으로서, 인간 존엄성의 기본적 형태이자 (적어도 유럽연합에서는) 인간의 기본권에 속해야 하는 '인간의 자율성'에 대한 우려를 제기한다는 점이다. 이 영역에 대한 법적 규제는 이미 훨씬 전에 갖추어져야 했다.

⸾ 완전한 원

2017년 5월, 영국 ICO는 선거 캠페인에서 데이터가 어떻게 처리되었는지에 관한 조사를 개시했으며, 2018년 3월 『가디언』과 『뉴욕타임스』는 페이스북 사용자의 개인 데이터가 동의 없이 이용되었다고 주장하는 폭로 기사를 실었다. 사건의 성격이 급격히 정치적으로 바뀌면서 조사 과정 중 더 많은 문제가 드러나 결국 케임브리지 애널리티카는 운영을 중단하게 되었다. 하지만 이러한 비난은 (여전히 합법적인) 정치적 타기팅을 위한 심리학적 프로파일링의 사용 자체에 초점을 맞춘 것이 아니라 충분한 정보에 의한 동의, 데이터 공유, 나아가 조사 과정에서 드러난 완전히 별개의 문제에 집중한 것이었다.

ICO의 광범위한 조사 과정에서 컴퓨터 42대, 서버 31대, 700 테라바이트의 데이터 및 30만 건의 문서가 압류되었으며, 이런 방대한 자료로 인해 조사 결과는 2020년이 되어서야 간신히 나왔다. 그사이에 ICO는 케임브리지 애널리티카가 사용한 기술에 관한 다소 불편한 사실들을 발견했다. 2020년 10월, ICO는 영국 하원 특별위원회 의장에게 서한을 보내 조사 결과를 보고했는데, 여기에는 특히 다음과 같은 내용이 포함되어 있었다.

"이 조사의 결론은 SCL 그룹이 정치적 동맹을 목적으로 개인 데이터에 대해 예측하고자 여러 상업적 출처로부터 데이터 세트를 수집했음을 보여줍니다."[06]

_ 9항

"SCL의 자체 마케팅 자료에 따르면 그들이 '2억 3천만 명의 미국 성인에 대한 인당 5천 개 이상의 데이터 항목'을 보유하고 있다고 주장합니다. 그러나 우리가 발견한 사실에 따르면 이는 과장되었을 가능성이 있습니다."

_ 10항

"대상 모델은 그 모델의 학습에 본인 데이터가 사용된 개인들의 속성을 정확하게 예측하는 데는 어느 정도 성공을 거두었지만, 실제 세상에서 이러한 예측의 정확도를 측정했을 때, 다시 말해 모델 생성 과정에서 본인 데이터가 사용되지 않은 새로운 개인들에 대해 해당 모델을 적용했을 때의 정확도는 훨씬 낮을 것으로 보입니다. ICO에서 이 회사의 내부 커뮤니케이션을 분석한 바에 따르면, SCL 내에서 수행되는 방식의 신뢰성이나 정확성에 대해 어느 정도 회의적인 시각이 있었음을 확인했습니다. 이들의 실제 처리 현실과 대조되는 외부에 대한 메시지 결정에 대해 내부적 우려가 있었던 것으로 보입니다."

_ 27항

즉, ICO의 서한에 따르면 그들이 발견한 데이터는 특별히 독창적이지 않았으며, 회사 내부에서도 자신들의 예측 방법이 그다지 효과적이라고 생각하지 않았다는 뜻이다. 그렇다면 '온라인 마케팅 록스타' 행사에서 닉스가 발표한 연설 내용 자체가 마케팅의 일부였을까?

물론 이 복잡한 사건에는 인공지능과 관련 없는 내용도 아주 많이 등장한다. 데이터 프라이버시, 충분한 정보에 의한 동의, 심지어 기술적 문제와는 무관한 회사의 다른 부정행위에 대한 혐의도 있었다. 심지어 어떤 사람들은 '비공개 특성'에 관한 학술 논문에 대해서조차 해당 연구에서 충분한 정보에 의한 동의가 이루어졌는지 여부에 대해 의문을 제기하며 눈살을 찌푸리기도 했다. 다만 그러한 내용은 이 책에서 다룰 주제에서 벗어나므로 깊이 들어가지 않겠다. 동의를 얻은 경우라면 심리측정 프로파일링은 (적어도 더 강력한 추가 규제가 마련될 때까지는) '데이터 브로커' 영업과 마찬가지로 여전히 합법적이다.

앞에서 언급했듯이 함부르크에서 알렉산더 닉스가 진행한 강연 제목은 '매드맨에서 수학맨으로'였다. 이는 1960년대 초 어느 뉴욕 광고 에이전시의 '크리에이터' 그룹에 대한 TV 드라마에서 영향을 받은 제목이다. 그리고 프레더릭 옐리네크가 IBM에서 처음으로 데이터 치트키를 탐구하기 시작하면서 인간 전문가를 해고하는 것의 장점에 대해 농담했던 1970년대 이후 이어져온, 인간 전문가와 통계 알고리즘 간의 전쟁을 반영한 네이밍이기도 하다. '로제타 스톤'이라고 불리는 이 방법은 이미 번역과 제품 추천에 적용되고 있는데, 개인 맞춤형 광고 전달에 사용하지 않을 이유가 있을까? 이론이 없는 영역에서 예측해야 할 때라면 언제나 데이터 기반 인공지능이 도움이 될 수 있다.

모든 사태가 종료된 후, 알렉산더 닉스는 당연하게도 되도록 눈에 띄지 않고 지내면서 케임브리지 애널리티카에 자금을 조달하는 데 도움을 줬던 그룹과 관련한 신생 회사에서 짧게 일했다. 이 회사에는 엄청난 인물이 한 명 있었는데, 인공지능 분야의 영향력 있는 인물이자 1970년대에 프레더릭 옐리네크의 긴밀한 협력자로, IBM에서 음성 및 번역 프로젝트로 경력을 시작했던 억만장자 투자자인 로버트 머서^{Robert Mercer}였다. 2014년에 머서는 옐리네크와 동일한 분야인 언어학에 데이터 기반 방법론을 적용하는 것에 관한 연구로 2009년 옐리네크가 받았던 것과 같은 공로상을 받기도 했다.

마케팅과 대중 설득에 대한 심리측정적 접근 방식을 현실화했고, 결국 함부르크에서의 운명의 날로 이어진 통계적 치트키의 기원은 바로 이러한 초기 아이디어로 거슬러 올라가 찾을 수 있다.

7장
피드백 루프

우리가 매일 일상적으로 사용하는 첫 번째 지능형 에이전트는 소셜미디어에서 개인화된 뉴스 피드를 보여주는 추천 시스템이다. 이 시스템은 우리의 선택을 계속해 관찰하고 학습하여 기능을 개선해 나간다. 이러한 에이전트를 개인 비서로 간주하고 가장 내밀한 개인 정보까지 쥐여줄 수도 있고, 꼭 사용자의 목적을 위해서라고 보기는 어려운 웹 서비스 트래픽을 늘리는 목표에 따라 작동하는 제어 장치로 생각할 수도 있다. 에이전트가 수십억 명에 달하는 사용자의 행동으로부터 학습할 수 있고, 각 사용자에 대한 개인 정보에 접근할 수 있으며, 거의 무한에 가까운 목록에서 제안을 선택할 수 있다는 점을 생각하면, 사용자와 에이전트 간의 힘의 차이는 아주 명확하다.

인간은 이러한 상호작용이 미치는 효과를 이제 막 여러 수준에서 이해하기 시작했을 뿐이다. 여기에는 사용자 참여를 최대화하고자 특정 콘텐츠에 대한 클릭 선택을 유도하는 것에서부터 자제력 장애, 남용, 정서적 양극화, 사용자 인식이 왜곡되는 반향실 효과[01] 등, 아직 충분한 연구 결과가 나오지 않은 조금 더 영구적인 잠재적 효과에 이르기까지 다양한 범위가 포함된다. 취약성을 가진 개인이 이러한 기술에 장기간 노출되었을 때의 영향에 대한 결정적인 연구 결과는 아직 나오지 않았으며, 이는 매우 시급히 관심을 가져야 할 문제다.

ᅌᅥᆨᅌ 최초로 대중화된 에이전트

2000년 닷컴 산업 붕괴 당시 웹은 '사용자 생성 콘텐츠'로 방향을 전환했으며, 그로부터 몇 년 후에는 오늘날 우리가 살고 있는 소셜미디어 왕국으로 이어졌다. 여기서는 누구나 쉽고 빠르게, 무료로, 그리고 종종 익명으로 '콘텐츠'를 발행하거나 재발행할 수 있다. 누군가에게는 이것이 주요 생계 수단이 되었으며, 많은 사람에게는 뉴스, 에세이, 팟캐스트, 동영상, 음악, 심지어 책 전체 내용까지 포함한 주요 정보 및 오락적 요소에 접근하는 주요 경로가 되었다.

또한 소셜미디어는 실제로 사람이 소비할 수 있는 한정된 양의 콘텐츠를 취사선택하는 작업을 위임받은 지능형 에이전트를 만날 수 있는 곳 중 하나이기도 하다. 불과 한 시간 만에 업로드되는 미디어 정보량이라고 해도, 이를 분류하는 건 인간의 한계를 훨씬 넘어서는 일이므로 에이전트가 1차 필터링해서 생성한 요약 목록을 이용해야 한다. 사용자는 유튜브, 페이스북, 틱톡, 트위터와 같은 소셜미디어 서비스에 접속할 때마다 자신이 관심을 가질 만한 개인화된 최신 콘텐츠 목록을 제공받는데, 이는 사용자 자신과 수백만 명의 다른 사람이 과거에 한 행동을 기반으로 학습 에이전트가 선별하여 작성한 것이다.

이러한 시스템은 초기 연구 목표의 목록에 포함되지 않았지만, 이제는 인공지능 분야의 주요 수익원 중 하나일 뿐만 아니라, 개인 맞춤형 광고를 판매하기 위해 트래픽에 의존하는 오늘날 대부분의 웹 비즈니스 업체의 사업 모델에 필수적인 요소가 되었다.

그렇다면, 사람이 읽고 싶거나 듣고 싶은 콘텐츠를 끊임없이 찾아내는 인공지능 에이전트에 장기간 노출되었을 때 어떤 영향을 받을까?

최근 언론 보도에 따르면 추천 콘텐츠 기능의 과잉 사용 또는 강박적 사용, 감정적 반응 등으로 인해 어린이와 취약층 사용자의 건강이 위험에 처할 가능성이 있다. 또한 몇몇 보도는 반향실의 잠재적인 양극화 효과, 즉 사용자를 계속해 본인 신념과 관심사에만 치우친 뉴스에만 자동 노출되도록 하는 알고리즘의 부작용으로 인해 우리 사회의 안녕이 위험에 처할 수 있다고 경고한다. 이는 명백히 중요하고도 긴급한 문제지만, 이러한 효과에 대한 진지한 과학적 연구는 여전히 거의 이루어지지 않고 있으며 그 결과도 중구난방이다.

인간은 어쩌면 자동화된 의사나 조종사, 아니면 운전기사를 기대했을 수도 있다. 그러나 그 대신 우리가 일상에 맞아들인 첫 번째 지능형 에이전트는 뉴스와 오락거리를 선택하는 일을 담당한다. 우리는 그들에 대해 무엇을 알고 있을까?

개인화 요약 추천 에이전트

우리는 이러한 에이전트를 장기적으로 사용했을 때의 영향에 대해 생각보다 많이 알지 못한다. 확실한 건, 이미 우리 삶의 일부가 된 이 '외계 지능'을 이해할 적절한 설명 방식을 찾는 데 여전히 어려워하고 있다는 것이다. 지금 맞닥뜨린 것은 새롭고도 복잡한 현상이므로, 인간이 항상 세계를 다양한 방식으로 바라보려고 노력해야 한다고 주장한 노벨상 수상 물리학자 리처드 파인만Richard Feynman의 조언을 받아들여야 한다.

'추천 에이전트recommender'에 대한 가장 평범한 이야기는 지능형 비서에 관한 것으로, 예를 들면 무한 뷔페에서 최고의 요리를 선택하는 절망적인 작업을 돕는 자율 에이전트를 떠올릴 수 있다. 인간은 이러한 경우 합리적인 선택, 다시 말해 제한된 시간 내에 효용성이 가장 높은 선택을 해낼 수 없다. 이때 이러한 에이전트가 개인화된 요약 추천 목록을 생성하고 인간이 해당 목록에서 메뉴를 선택할 수 있도록 돕는다. 좋은 선택을 하는 데 드는 비용이 해당 선택으로부터 기대되는 이득보다 높을 때는 그러한 선택을 도우미에게 맡기는 게 실제로 합리적인 결정이며, 이는 지능형 소프트웨어 에이전트에게 잘 맞는 일이기도 하다.

앞에서 소개했던 목표 기반 에이전트 모델을 생각해보자. 이러한 에이전트는 자신이 부분적으로(완전하지 않게) 관찰하고 영향을 미칠 수 있으며 주어진 목표를 추구해야 하는 환경에서 생존한다(또는 이러한 환경과 상호작용한다). 에이전트는 주어진 상황에서 가장 유용한 행위의 선택, 즉 자신이 환경의 현재 상태에 대해 취득할 수 있는 모든 정보를 활용한 결정을 내림으로써 이러한 일을 해낸다. 신뢰할 수 있는 환경 모델이 없을 때는 경험과 실험을 통해 주어진 상황에 대한 최선의 대응을 학습하는 것이 꽤 좋은 대안이 될 수 있다.

추천 시스템이 바로 이러한 작업을 수행한다. 추천 시스템은 사용자에게 제시할 요약 추천 목록에 항목들을 추가하는 작업을 한다. 그 보상은 사용자의 관심이 될 것이며, 이러한 관심은 어떠한 형태의 참여도로 측정될 것이다. 사용할 수 있는 정보는 목록상 항목과 사용자의 관찰 가능한 속성이 되는데, 이들을 합쳐 '신호signal'라고 한다. 시간이 지나면서 에이전트는 특정 유형의 사용자에게 특정 유형의 콘텐츠를 추천하여 전체 참여도를 높이는 방법을 학습한다.

이와 같은 설명이 특별히 놀라울 일은 없다. 유튜브에는 약 10억 개의 동영상이 있고, 매분 300시간 분량의 동영상이 계속해 업로드되고 있으며, 20억 명이 넘는 개인 사용자가 있다는 사실을 제외한다면 말이다. 유튜브가 사용자와 동영상을 설명하기 위해 채택하는 신호는 수십 개가 넘으며, 여기에는 사용자가 이전에 시청한 동영상, 이전에 '좋아요'를 누르거나 댓글을 단 동영상, 끝까지 시청한 동영상 등이 포함된다. 그리고 동영상에 대해서는 자막, 제목, 댓글, 반응, 날짜, 기타 훨씬 많은 신호가 포함된다. 참여도는 여러 정량적 값들의 조합에 의한 신호로 표시되는데, 오늘날 이러한 정량적 값 중 가장 중요한 것은 '시청 시간'이다(하지만 공유나 댓글도 참고 요소로 같이 본다). 이 관점에서 본다면, 이러한 정량적 값은 흥미, 의도, 관심, 만족도 등 관찰할 수 없는 다른 값의 대용물이며, 에이전트가 간절히 원하는 보상을 대표한다.

에이전트가 이러한 조건 아래 일반 사용자의 관심을 사로잡을 동영상을 실제로 찾아낼 확률은 상당히 낮을 것이다. 한 가지 중요한 요소를 고려하지 않는다면 말이다. 그것은 유튜브에서는 매일 50억 개의 동영상이 시청되고 있다는 사실이다. 그 결과 생성되는 충분한 데이터를 통해 에이전트는 어떤 유형의 사용자가 어떤 유형의 동영상에 몰입하거나 참여하는 경향이 있는지에 대한 패턴을 확인할 수 있고, 이를 통해 요약 추천 목록을 생성하는 프로세스를 시작한다. 사용자와 동영상을 동질적인 그룹으로 세분화하는 일은 머신러닝 알고리즘을 통해 암묵적으로 수행할 수도 있겠지만, 여기에는 3장에서 언급한 '동물 분류'와 마찬가지로 같은 장점과 같은 한계가 있다. 그중에는 기계가 만들어낸 개념을 인간이 이해하지 못할수도 있다는 사실이 포함된다.

큰 틀에서 보면 추천 에이전트의 구조는 페이스북, 인스타그램, 유튜브, 틱톡, 그 외 모든 서비스에서 대략적으로 동일하다. 하지만어떤 신호를 사용하는지, 어떤 신호 조합을 '사용자 참여도'를 대표하는 값으로 채택하는지 등의 세부 사항에서 차이가 있다. 이 중 일부는 비밀로 보호되거나, 플랫폼마다 달라질 수 있고, 같은 플랫폼내에서도 시간이 지남에 따라 바뀔 수 있다.

최종 추천이 이루어지기 전에, 이러한 요약 추천 목록은 각 사용자의 개인적 이력에 기반하여 다양한 유형의 콘텐츠가 제거되고때로는 순서와 표현 방식을 조정하여 더 다듬어지고 개인화된다. 그리고 남은 밀리초 단위의 시간 동안 사용자에게 최종 후보 목록을 제시한다.

그러고 나서 에이전트는 어떤 놀라운 일을 수행한다. 바로 당신을 바라보는 것이다.

행동경제학과 영향력 있는 행동

에이전트를 운영하는 회사의 관점에서 생각해볼 수도 있겠다. 이들의 목표는 사이트 방문자에게 매력적인 콘텐츠를 제공함으로써 그들이 사이트를 방문할 때마다 그 가치를 느끼도록 만들어 방문을 유인하는 것이다. 따라서 온라인 트래픽을 특정 방향으로 유도한다는 다른 목적을 위한 수단이 아닌 한, 방문자들을 돕는 기능에 이들이 반드시 관심을 가질 필요는 없을 것이다.

이러한 상황은 또 다른 목표 지향적 에이전트인 개화 식물의 경우와 비슷하다. 개화 식물은 약 1억 년 전에 꽃가루를 옮기는 동물을 끌어들여 수분 가능성을 높여야 하는 문제를 해결해야 했다. 이는 곧 자신만의 목표를 가진 다른 에이전트의 행동을 조종해야 한다는 의미로, 그러려면 예를 들어 곤충과 같은 동물을 유인하는 데 가장 효과적인 모양, 색상, 향기, 맛, 시기를 진화시켜야 했다. 그 과정에서 꽃가루를 옮기는 동물에게 이익을 줄 수는 있지만, 이것이 동물들의 행동을 조종하는 유일한 방법은 아니며 그렇게 한다고 해서 이들 식물이 처한 상황이 바로 바뀌지도 않는다. 목표는 그저 '꽃가루 매개자의 참여도'에 대한 자체 측정 기준의 값을 최대화하는 것이어야 한다.

이 관계를 경제적 측면에서 본다면 에이전트를 위한 최소 세 가지 선택지를 찾을 수 있다. 첫 번째는 인센티브로, 제어 대상 에이전트가 방문을 통해 이익을 얻는다. 두 번째는 넛지로, 제어 대상 에이전트가 인센티브의 구조에 영향을 주지 않고도 특정 방향으로 유도된다. 그리고 세 번째는 속임수로, 한 에이전트가 다른 에이전트의 오해를 유발하는 경우를 말한다.

소비자 선택을 연구하는 행동경제학은 이러한 관계를 이해하는 데 도움이 될 수 있다. 이 학문은 특히 인간이 합리적 행동에서 일탈할 때 미시적인 선택을 하는 방식에 관심을 가진다. 선택지를 누군가에게 제시하는 방식, 예를 들면 소비자에게 제시하는 방식이 그들의 결정에 큰 영향을 미친다는 사실은 오랫동안 잘 알려져왔다.

5장에서 우리는 '편향'을 획일성이나 규범에서 체계적으로 일탈하는 현상으로 정의했지만, 여기서는 이상화된 합리적 행동에서 체계적으로 일탈하는 현상을 가리키는 '인지 편향'을 다룬다.

행동경제학자들은 대안 사이에서 어떤 한 선택지를 제시하는 방식을 가리켜 '선택 설계choice architecture'라고 부르며, 여기에는 선택지를 나열하는 순서, 설명에 쓰이는 문구, 나아가 제시할 때 사용되는 이미지나 색상까지도 포함될 수 있다. 실제로 선택지를 변경하지 않고 선택 설계에 따라 소비자의 결정을 유도하는 것을 '넛징nudging'이라고 한다. 이는 소비자의 행동을 어느 정도 비합리적으로 만드는 인지 편향을 이용하는 전략으로, 예를 들면 소비자가 같은 상품에 대해 10,000원일 때보다 9,990원일 때 훨씬 더 잘 소비하거나, 마트에서 눈높이에 맞춰 진열된 상품을 충동구매하는 경향이 있는 이유이기도 하다. 중요한 사실은 이러한 전략이 '클릭 낚시', 즉 클릭을 유도하기에 효과적이며, 종종 기만적이거나 오해의 소지가 있는 글 또는 동영상의 제목에 사용되는 특정 문구들이 존재하는 이유가 된다는 점이다.

개화 식물의 관점에서 보면, 꽃가루를 옮기는 곤충이 꿀과 관련한 이익을 얻는지는 별로 중요하지 않다. 호주망치난초는 타이니드Thynnid 종 말벌 암컷의 반짝이는 머리, 털로 덮인 몸통, 말벌 페로몬 등을 흉내낸다. 수컷 타이니드 말벌은 이 꽃과 짝짓기를 시도하면서 실질적인 이득은 아무것도 얻지 못하지만 난초의 꽃가루를 퍼뜨린다. 다시 말해, 이 식물은 말벌의 인지 편향을 해킹하도록 진화한 것이다.

이와 비슷한 방식으로, 추천 에이전트는 사용자의 선택을 관찰함으로써 어떤 단서가 사용자 참여를 촉발하는지를 학습한다. 이것이 넛지인지 아니면 사용자의 실제 관심을 나타내는 지표인지는 관계없다. 이러한 상황에서 우리는 노벨상 수상자 폴 새뮤얼슨[Paul Samuelson]이 말했듯이 우리의 선호도를 드러내는 것일까? 아니면 행동경제학의 신진 세대들이 더 선호하는 표현처럼 우리의 약점을 드러내는 것일까?

'40가지의 조금씩 다른 파란색[40 shades of blue] **02**으로 알려진 다음과 같은 전설적인 실리콘밸리 일화는 같은 선택지들을 가장 효과적으로 제시하는 방법을 온라인 에이전트가 어떻게 학습할 수 있는지에 관한 사례를 보여준다.

2008년 당시 구글의 그래픽 디자이너들은 자사 제품에 공통으로 적용할 단일한 스타일을 개발하고 있었는데, 모든 제품의 하이퍼링크에 사용할 파란색 색상을 선택하는 문제로 고민하고 있었다. 전해지는 이야기에 따르면, 유료 광고로 연결되는 하이퍼링크가 문제가 됐다(구글에서 광고주는 광고가 클릭될 때만 비용을 지불한다). 디자이너마다 의견이 분분했고, 당시 사용자 경험 부문 부사장이었던 머리사 메이어[Marissa Mayer]는 결정을 내려야 했다. 초록빛이 도는 색상부터 보랏빛이 도는 색상에 이르기까지 총 41가지의 파란색 색상에 대해 무작위 사용자 그룹을 대상으로 어떤 디자인이 가장 많은 클릭으로 이어지는지를 테스트하기로 했다. 그리고 결과를 지켜봤다. 이러한 테스트를 A/B 테스트라고 하는데, 의학 분야의 임상 시험과 유사하게 각 그룹은 한 가지 변수인 파란색 색상을 제외하고는 다른 그룹과 동일하게 설계되었다. 실험이 끝난 후, 가장 많은 클릭 수를 유도한 특정 파란색이 최고로 나타났다. 이러한 차이는 콘텐츠의 내용이 아닌, 제시 방식의 차이에서 비롯된 것이었다. 넛지의 간단한 예를 보여준 셈이다.

💮 제어 시스템으로서의 추천 에이전트

사용자가 '소비'하고 싶어 하는 콘텐츠를 추천하는 에이전트를 설명하는 또 다른 방식이 있다. 이 두 번째 설명 방식에서 모든 추천 에이전트가 '원하는' 것은 사용자의 행동을 조종하여 노리는 참여 신호를 얻어내는 것이다. 반면 모든 회사가 '원하는' 것은 먼저 자신들의 웹페이지로 트래픽을 유인하고 그 다음에 광고주의 웹페이지로 보내는 것이다. 추천 시스템에 대한 이러한 관점을 이해하는 방법은 방향 유도 장치에 관한 수학적 학문인 제어 이론control theory에서의 아이디어 및 표현 방식에 기반한다.

이 장치는 거버너governor 또는 컨트롤러controller라고 하는 기계로서, 다른 시스템(제어대상 시스템)의 상태를 조종하여 사전 설정된 상태로 바꾸거나, 기존 상태를 유지하도록 하는 역할을 한다. 예를 들어 온도조절장치는 실내 온도를 정해진 범위 내로 유지하도록 설계된 거버너다. 이 기능이 작동하는 핵심은 현재 온도를 계속해서 거버너에 알려줘서 적절한 수정을 가할 수 있도록 하는 정보 루프다(온도에 그 수정을 가하고 효과를 측정할 때 이러한 온도조절장치 루프가 형성된다). 이와 비슷한 시스템을 사용하여 쿼드콥터 드론[03]이 고도를 지속해서 유지하도록 하거나, 자율주행차의 속도를 조절할 수 있다. 이러한 시스템을 설명할 수 있는 통일된 수학적 표현 방식이 있으며, 이는 경제학에서 분자생물학에 이르는 여러 영역에서 찾아볼 수 있다. 현대의 제어 엔지니어는 강건하고도 적응형인 컨트롤러, 다시 말해 불완전한 정보와 불확실한 환경에서도 작동하면서 계속해 학습할 수 있는 컨트롤러를 사용한다.

이러한 방법들은 보통 난방시설이나 헬리콥터 드론과 같은 물리 시스템을 제어하기 위한 목적으로 연구되지만, 에이전트가 컨트롤러의 행위에 예측할 수 있는 방식으로 반응하는 한, 목표 지향 에이전트 조종의 경우에도 동일한 원칙들을 적용할 수 있다. 양몰이 개는 양 개체들이 자신의 존재와 짖는 소리에 어떻게 반응할지 본능적으로 알고 있기 때문에 양떼 전체를 조종할 수 있으며, 중앙은행은 이자율을 통해 시장을 조종할 수 있다.

이러한 양몰이 개와 마찬가지로, 추천 시스템을 각 인간 사용자에 대해 적시에 적절한 행위를 수행함으로써 다수의 사용자들을 조종할 수 있도록 설계된 적응형 '거버너'로 볼 수도 있다. 이들은 복수의 신호를 통해 사용자 상태를 감지하고, 방대한 저장 목록에서 가장 유용한 행위를 선택할 수 있다. 그리고 오랜 기간에 걸쳐 사용자의 참여도를 높이는 최선의 방법을 학습할 수 있다. 이러한 상호작용을 더 빠른 속도로 반복하게 할 수 있다면, 그 에이전트가 사용자에게 얼마나 적응할 수 있는지, 그리고 이것이 사용자의 행동에 어떤 장기적인 영향을 미칠지 확인하는 작업은 매우 두려운 일이 될 수도 있다.

한 예로, 2012년 3월 유튜브가 낚시용 동영상을 제재할 목적으로 '참여도'를 정의하는 공식을 클릭 수에서 시청 시간으로 변경했을 때, 일일 조회 수(동영상 클릭 수)가 곧바로 20% 감소했다. 반면 사용자가 특정 동영상에 소비하는 평균 시간은 1분에서 4분으로 계속해 증가했다. 그리고 같은 해 유튜브 전체 시청 시간은 50% 증가했다. 이와 비슷하게, 『월스트리트 저널』은 2018년 페이스북에서 분명 순수한 의도로 '참여도' 공식을 변경함으로써 다른 사용자와 공유할 가능성이 높은 콘텐츠 생성을 촉진하려던 시도가, 오히려 분노를 표현하거나 유발하는 콘텐츠의 증가로 이어졌다고 보도했다.

사용자가 추천 에이전트의 설계 변경에 반응하는 방식은 이러한 알고리즘을 제어 장치로 보는 관점과 잘 맞아떨어지며, 거시적으로 보면 이 알고리즘들은 그 역할을 잘 수행한다. 예를 들어 2018년 미국 소셜미디어 사용자의 평균 소비 시간은 일일 3시간에 달했다. 이제 미국인의 80%는 하루에 적어도 한 번 이상 온라인에 접속한다고 답변하며, 31%는 '거의 항상' 온라인 상태라고 말한다. 하지만 이러한 상황이 추천 알고리즘의 직접적 효과인지는 알 수 없다.

이 두 번째 관점을 채택한다면, 클릭 수나 시청 시간 배분과 같은 사용자의 세부 선택은 사용자를 자기 웹페이지에 머무르도록 만드는 게 목표인 적응형 제어 시스템의 제안에 따라 좌우된다고 볼 수 있다. 이는 마치 식물이 '꽃가루 매개자의 참여도'에 영향을 미칠 수 있는 것과 같다. 그러한 의미에서 사용자는 식물이 자신의 꽃가루 수분을 위해 이용하는 곤충과 같은 입장일 수 있으며, 더 심하게 말하자면 불운한 타이니드 종 말벌과 같은 입장일 수도 있다.

개인화된 제어 루프

'40가지의 조금씩 다른 파란색' 이야기는 일반적 사용자의 인지 편향을 이용하여 트래픽을 증가시킬 수 있다는 걸 보여준다. 하지만 진정으로 흥미로운 질문은 이것이 개인화된 방식, 즉 어떤 사용자의 특정한 성향을 발견하고 이를 활용하는 방식으로 이루어질 수 있는지 여부다. 이 질문이 특히 중요한 이유는, 5장에서 살펴봤듯이 에이전트가 심리 유형을 포함한 많은 개인 정보를 간접적으로 얻을 수 있기 때문이다.

실제로 6장에서 소개한 대중 설득 연구의 '실험 3'에서도 보았듯이 이는 사실인 듯하다. 이 실험에서는 추천할 제품과 고객 그룹이 이미 정해져 있었기에, 광고주가 발휘할 수 있었던 유일한 자유는 각 성격 유형에 맞는 최선의 표현을 선택하는 것뿐이었다. 경제적 인센티브는 바뀌지 않으면서 동일한 선택지를 제시하는 방식만 바뀌므로, 이 실험은 심리측정 정보에 기반하여 선택한 넛지, 즉 개인화된 넛지의 사례로 봐야 한다.

이는 자동화 도우미가 수행하는 실제 서비스에 대한 중요한 의문을 불러일으킨다. 일반적으로는 이러한 알고리즘이 적절한 제품을 찾거나 주어진 제품에 맞는 고객을 찾아냄으로써 가치를 발휘한다고 주장할 수 있겠지만, 제품과 고객이 모두 사전에 결정되어 있고 남은 일은 설득밖에 없는 경우에는 어떨까? 이때 알고리즘은 사용자에게 서비스를 제공하는 것일까, 아니면 사용자를 조종하는 것일까?

2017년 넷플릭스의 연구원들이 이 문제에 대한 흥미로운 이야기를 발표했다. 그들은 추천 알고리즘이 개인화된 동영상 요약 추천 목록을 만들어낸 뒤에 최종 단계로 어떠한 항목을 사용자에게 제시하는 방식을 자동 적응시키는 작업의 이점을 설명했다.

넷플릭스의 각 영화 타이틀에는 사용자 메뉴에 표시할 용도로 사용할 수 있는 여러 가지 썸네일 또는 아트워크가 있으며, 사용자마다 서로 다른 이미지에 대해 다르게 반응할 수 있다. 넷플릭스의 인프라 구조는 영화별로 표시되는 아트워크를 개인화하고 각 사용자의 선택을 기록할 수 있으므로, 넷플릭스 연구진은 각 사용자에게 어떤 이미지가 더 매력적인지를 학습하는 머신러닝 알고리즘을 활용해 아트워크의 선택이 사용자 참여도에 어떤 영향을 끼치는지를 조사할 수 있었다. 그 결과, 개인화된 아트워크를 이용한 타이틀의 클릭률이 무작위로 선택된 아트워크를 이용한 타이틀의 경우보다 높았으며, 평균적 성과가 더 좋은 아트워크를 이용했을 때보다도 높았다. 다시 말해, 선택지 자체가 아니라 선택지의 제시 방식을 개인화함으로써 의미 있는 성과 개선으로 이어졌다.

40가지 파란색 이야기가 '집단적 넛지'를 표현하고, 대중 설득 스토리가 인간 전문가가 세밀하게 빚어낸 개인화 넛지를 표현하는 반면, 이 넷플릭스 이야기에서는 많은 의사 결정이 자동화되어 있다. 이러한 사례들은 이제 드물지 않으며, 추천 시스템의 적절한 역할에 대한 문제를 제기한다. 오늘날 콘텐츠 제작자들은 이미 추천 에이전트의 선호도에 맞게 자기 상품을 적응시키고자 노력하고 있다. 사용자로부터 원하는 반응을 얻어낼 수 있도록 개인화된 콘텐츠 자체가 자동 생성될 날도 그리 멀지 않았다. 이미지를 생성하는 기술은 이미 시장에 나와 있다. 오픈AI가 만든 DALL·E라는 도구는 간단한 문구 설명만으로 고품질의 이미지를 생성해낸다.

법학자 캐런 영Karen Yeung은 지능형 알고리즘이 제공하는 개인화된 넛지의 잠재적 함의에 대해 논하면서 이를 '하이퍼 넛지'라고 이름 붙였다. 에이전트가 인간이 선호도를 표현하는 행동과 약점을 드러내는 행동을 구분할 수 없다는 이유 때문에, 소셜미디어 사용자의 일련의 선택에 의해 구동되는 연속적 피드백 루프에서 하이퍼넛지 현상이 자연적으로 발생할 수 있을까? 이미 그러한 일은 일어나고 있을 것이다.

🦑 두 가지 수준의 효과

추천 시스템을 선택의 범위를 좁히기 위한 보조 장치로 보든, 행동을 유도하려 하는 제어 장치로 보든 간에, 사용자의 클릭이 추천 시스템과의 상호작용에 확실히 영향을 받는다는 사실을 확인하더라도 그렇게 놀랄 만한 일은 아니다. 추천 시스템은 트래픽을 때로는 엄청난 수준으로 증가시키며 광고 효과도 분명히 개선한다. 추천 시스템이 자동으로 찾아낼 수 있는 인센티브와 넛지의 조합은 실제로 이러한 효과를 위해 의도된 것으로, 이를 '1차 효과'라고 부른다(자세한 내용은 앞에서 설명한 바 있다).

하지만 의도하지 않은 '2차 효과'도 있는데, 사용자의 신념, 감정 또는 욕구에서 발생할 수 있는 장기적인 변화를 의미한다. 이는 에이전트가 직접 측정할 수 없으며 그로써 명시적인 보상을 받지도 않는다. 이러한 변화가 과연 의도치 않게 일어날 수 있을까?

많은 연구에서 서로 다른 TV 채널의 시청자를 인터뷰함으로써 알아낸 바에 따르면, 인간은 자신이 소비하는 미디어의 영향을 받는 것으로 밝혀졌다. 이러한 현상은 '배양 효과cultivation effect'로도 알려져 있는데, 그에 따르면 미디어 콘텐츠에 의해 시청자의 현실에 대한 의견과 나아가 신념까지도 형성될 수 있다(유명한 예를 들자면, 거리에서 일어나는 범죄 수준에 대한 시청자의 인상은 TV 시청량에 의해 영향을 받는다고 알려져 있다). 그리고 보상에 반복해서 과잉 노출되면 보상과 관련된 행동을 강박적으로 반복하게 된다고 알려져 있다.

추천 시스템의 1차 효과는 사용자의 즉각적인 클릭 행동을 유도하는 것이지만, 2차 효과는 사용자의 태도, 관심, 신념을 바꾸는 것일 수 있다. 몇몇 일반화되지 않은 증거와 쌓여 가는 우려에도 불구하고, 이러한 의도치 않은 효과에 대한 결정적 증거는 아직 발견되지 않았다. 하지만 이 문제를 연구하는 것은 개인과 사회의 건강에 미칠 수 있는 잠재적 영향을 생각하면 매우 중요하고도 시급한 일이다.

남용에 대하여

2019년에 페이스북은 미국 사용자 2만 명을 대상으로 실시한 연구 결과를 발표하면서 그중 3.1%가 '문제적 사용'으로 인해 고통받고 있다고 느낀다고 밝혔다. 여기서 문제적 사용이란 '웹사이트의 이용으로 수면, 인간 관계, 직장, 학교에서의 활동에 부정적인 영향이 있고 이용의 통제에 어려움을 느끼는 것'으로 정의된 행동이다.

이러한 남용, 즉 과잉 이용은 1차 효과[04]와 추정적 2차 효과[05]로 인해 발생할 수 있다. 뒤에서 살펴보겠지만, 2차 효과가 원인일 수 있다고 의심하는 데는 여러 가지 이유가 있다(2021년 미국 상원 청문회에서 내부 고발자로 나섰던 전 페이스북 직원 프랜시스 하우겐 Frances Haugen 역시 이렇게 주장했다).

이러한 인식은, 임상 심리학자들과 달리 '중독'이란 단어를 매우 자유롭게 사용하는 몇몇 기업가들의 주장으로 인해 더욱 복잡해졌다. 지금은 없어진 한 회사는 2017년에 다음과 같은 문구로 자사 서비스를 홍보했다. "모든 앱을 중독성 있게 만드는 도구, (…) 사람들은 알림에서 오는 도파민 폭발을 단순히 좋아하는 게 아니라 아예 뇌 회로를 바꿉니다." 여기에서 '도파민'이란 단어의 사용은 신경과학자들의 신경을 건드릴 그저 은유적인 표현이기는 하지만, 특정한 알고리즘의 설계 결정으로 이어진 사고방식을 드러낸 표현이다. 그리고 어린 소셜미디어 사용자의 부모님들의 우려를 불식시키는 데는 전혀 도움이 되지 않는 내용이다.

2018년에 실시된 ('비활성 연구'로도 알려진) 실증 연구[field study]에서는 2,573명의 미국 페이스북 사용자를 모집하여 무작위로 조치 그룹과 통제 그룹으로 나누었다. 조치 그룹은 4주 동안 페이스북 사용을 자제하도록 요청받았다. 다른 결과도 있었지만, 그중에서도 연구자들은 페이스북을 자제했던 사용자들의 이용량이 '비활성' 기간이 끝난 뒤에도 몇 주 동안 감소했음을 발표하며, 소셜미디어는 '습관성'임을, 다시 말해 현재의 이용이 미래의 이용 빈도를 높이는 경향이 있다는 결론을 제시했다.

이 경우에는 도박, 섹스, 강박적 쇼핑을 포함한 다른 행위 중독의 경우와 마찬가지로 중독 진단을 위한 명확한 임상 기준이 없기 때문에, 전문가들은 보통 중독 대신 '습관성' 또는 '남용'이라고 표현하는 걸 선호한다는 점에 유의해야 한다. 소셜미디어 중독의 위험성과 이에 대한 추천 알고리즘의 역할 비중에 대해서는 더 많은 연구가 필요하다.

추천 알고리즘에 장기적으로 노출될 경우의 영향, 특히 이 도구가 사회에 퍼져 있는 정도를 고려할 때 어린이들에게 미칠 영향에 대해서는 아직 알려지지 않은 내용이 많다. 단 3.1%의 문제적 사용자라고 하더라도, 전 세계 30억 명의 사용자 기반으로 확대되면 그 수는 9천만 명에 달한다.

정서적 건강에 대하여

다양한 연구에서 2012년 이후 여러 서방 국가 10대들의 정서적 건강이 설명할 수 없는 이유로 악화되었다고 발표한 바 있다. 일부 저자들은 동시대 소셜미디어의 급격한 성장에 그 책임을 돌렸다. 그러나 상관관계는 인과 관계와 동일하지 않으며, 소셜미디어의 이용과 정신 건강에 대한 영향 간에 연관성이 있다면 설득력 있는 구조로 설명할 수 있어야 한다. 몇몇 대규모 실증 연구를 포함하여 소셜미디어 및 추천 알고리즘에 대한 장기적 노출이 정신 건강에 미치는 영향을 이해하기 위한 연구가 진행 중이며, 이미 몇 가지 단서도 나와 있다.

앞에서 언급한 '비활성 연구'에서는 소셜미디어 사용을 멀리한 그룹이 자가 건강 검사에서 작지만 의미 있는 개선을 보였다는 사실을 밝혔다. 같은 시기에 수행된 별도 연구에서는 1,765명의 미국 학생을 대상으로 페이스북 이용을 단 1주일만 제한하도록 하여 비슷한 결과를 얻었는데, 페이스북 이용을 일정 기간 동안 중단한 사용자들의 정서적 건강이 '작지만 유의미하다고 할 수 있는' 개선을 보인 사실과, 잠재적 '습관 형성'을 보여준다는 사실을 밝혀냈다.

어떤 연구는 뉴스의 부정적 내용이 정신 건강에 미치는 영향과, 소셜미디어에서 부정적인 콘텐츠가 더 멀리 퍼진다는 연구 결과(스페인의 트위터 사용자들을 관찰하여 확인한 결과)를 결합한 내용을 토대로, 소셜미디어를 이용하면 부정적 콘텐츠에 대한 노출 및 이러한 콘텐츠가 주는 심리적 영향의 위험에 대한 노출이 증가한다고 주장한다. 이는 소셜미디어 이용이 증가하면 일반적으로 뉴스에 대한 노출도 증가한다는 연구 결과와도 맞아떨어진다.

전 페이스북 직원인 프랜시스 하우겐이 미국 당국에 대량의 내부 문서를 넘긴 유출 사건을 취재한 『월스트리트 저널』에서도 비슷한 추측을 제시했다. 해당 유출 문서를 본 언론인들은 2018년 페이스북이 사용자가 재공유하는 콘텐츠의 양을 늘리기 위해 추천 알고리즘(특히 참여 기능)에 적용한 특정 변경사항으로 인해 오히려 분노형 콘텐츠의 양이 늘어났다고 주장했다. 학습 알고리즘이 가장 '참여도를 높이는' 콘텐츠를 찾으려는 과정에서 사람들의 관심을 끌기 위해 분노와 감정이 더 풍부하게 표현된 콘텐츠를 추천하는 결과에 도달할 수 있다고 상상하기란 어렵지 않다. 하지만 추천 알고리즘은 끊임없이 변화하고 있기 때문에 결정적 증거는 찾기 어렵다.

페이스북 연구원들이 소셜미디어에서 감정적 콘텐츠에 대한 노출이 정신 건강에 미치는 영향을 연구하여 공개한 (어느 정도 충격적이지만) 정말 흥미로운 논문은 「감정 전염 연구the emotional contagion study」라는 이름으로 유명해졌으며, 기존에 알려지지 않았던 영향을 밝혀냈다. 이 논문은 학계에서 사용자의 '충분한 정보에 의한 동의'에 대한 중요한 논쟁 등 여러 논쟁을 촉발했지만, 여기에서는 추천 시스템의 영향에 대한 부분에만 집중하기로 한다.

2012년 1월, 1주일 동안 65만 명의 페이스북 사용자가 무작위로 선택되어 세 그룹으로 나뉘었다. 한 그룹은 대조군 역할로 이들에 대해서는 아무것도 하지 않았고, 다른 두 그룹의 뉴스 피드, 즉 추천 목록은 콘텐츠에 포함된 단어(심리학자들이 대상자의 감정 상태를 평가하기 위해 평소 사용하는 단어 목록)에 기반하여 좀 더 긍정적이거나 좀 더 부정적인 게시물로 약간 왜곡했다. 그리고 같은 기간 내에 해당 사용자들이 작성한 게시물도 같은 방식으로 분석했다. 그 결과, 더 높은 수준의 긍정적 감정에 노출된 그룹의 사람들은 긍정적 콘텐츠를 게시할 가능성이 더 높았던 반면, 부정적 감정에 노출된 그룹의 사람들은 부정적 콘텐츠를 더 많이 게시했다는 사실이 명백하게 밝혀졌다. 그 차이는 작지만 유의미했다. 중요한 사실은, 첫 번째 그룹은 부정적 단어를 덜 게시하기도 했고 두 번째 그룹은 긍정적 단어를 덜 게시하기도 했기 때문에 이러한 결과는 모방의 결과가 아니며, 사용자의 감정 상태 변화를 반영했을 가능성이 높다는 점이다. 그리고 다른 영향도 관찰할 수 있었다. 감정적 게시물에 대한 노출이 늘어난 두 그룹 모두 중립 대조군 그룹보다 더 긴 게시글을 올릴 확률이 높았다.

이 연구 결과는 추천 시스템에서의 작은 변화가 플랫폼의 전체 트래픽(1차 효과)뿐만 아니라 사용자의 감정 상태(2차 효과)에도 영향을 미칠 수 있음을 보여준다. 이 논문의 저자들은 해당 연구의 중요성을 이렇게 요약했다. "이 연구는 페이스북에서 수행한 대규모($N = 689,003$) 실험을 통해, 감정 상태는 감정 전염을 통해 다른 사람에게 전달될 수 있으며 이로 인해 사람들이 인식하지 못한 상태에서도 동일한 감정을 경험하게 될 수 있음을 보여주었다. 그리고 사람 간의 직접 상호작용(친구에게 감정을 표현하는 것만으로 충분할 것이다) 없이도, 비언어적 신호가 전혀 없는 상태에서도 감정 전염이 일어난다는 실험적 증거를 제시했다."

이 논문은 "작은 효과도 합쳐지면 큰 결과를 가져올 수 있다"고 정확한 결론을 내렸으며 "온라인 메시지가 인간의 감정적 경험에 영향을 미치며, 이로 인해 다양한 오프라인 행동에 영향을 줄 수 있다"고 강조했다. 다양한 감정가emotional valence[06]의 뉴스에 노출되었을 때 사용자들이 다양한 길이의 게시물을 작성하는 현상은 아주 작은 넛지도 인간의 행동에 영향을 미칠 수 있음을 보여주는 증거다.

특정 소셜 플랫폼에서는 주요 사용자에 속하는 어린이의 경우, 정신 건강 문제가 특히 중요하다. 통신 규제를 담당하는 영국의 정부 기관 오프콤Ofcom은 2020년, 영국의 5세에서 15세 사이의 어린이 중 절반이 소셜미디어를 사용했으며 12세에서 15세 사이의 경우 그 비율이 87%에 달했다고 밝혔다. 5세에서 15세 사이의 어린이 중 약 3분의 1이 인스타그램, 스냅챗, 페이스북을 사용했다. 이러한 알고리즘에 대한 지속적인 노출이 정서적 건강에 미치는 장기적인 영향을 확인하는 연구는 분명 시급하게 이루어져야 한다.

2022년 9월의 중요한 결정에서, 검시관 앤드류 워커Andrew Walker는 몰리 러셀Molly Russell의 비극적 죽음[07]에 추천 알고리즘이 '최소한의 역할 이상'을 했음을 발견하고 보고서에 다음과 같이 덧붙였다. "이 플랫폼이 작동하는 방식은 몰리가 자해, 자살, 또는 본질적으로 부정적이거나 우울한 내용과 관련이 있는 이미지, 동영상, 텍스트에 접근할 수 있었다는 것을 의미한다. 이 플랫폼은 알고리즘을 이용하여 어떤 상황에서는 이미지, 동영상, 텍스트의 과잉 소비 결과를 초래하는 방식으로 운영되었으며, 이 중 일부는 몰리가 요청하지 않은 상태에서도 선택되고 제공되었다."

사회적 건강에 대하여

소셜미디어에 장기적으로 노출될 때 발생할 수 있는 영향에 대한 또 다른 우려는 정치적 양극화, 즉 점점 더 극단적인 의견이나 태도가 출현하는 문제다. 이러한 현상은 지난 10년간 미국을 비롯한 여러 국가에서 관찰되었는데, 특히 이념적 양극화(정치적 입장에 대한 의견 차이의 증가)와 대조되는 '정서적 양극화'(정치적 반대파에 대한 부정적 인식의 증가)의 경우 더 뚜렷하게 나타났다.

이런 현상을 설명할 수 있는 가설 중 하나는 '반향실'의 생성, 즉 자신의 정치적 신념을 반영하고, 검증하고, 강화하는 왜곡된 뉴스 조합만을 소비하는 사용자 하위집합과 관련이 있다. 이는 TV 뉴스 채널 선택과 관련해 수십 년 동안 관찰되었고 그 영향이 잘 문서화되어 있는 '자기 선택 편향self-selection'이 원인일 수도 있고, 또는 '필터 버블filter bubble'로 알려진 현상, 즉 추천 엔진이 사용자가 이미 소비한 콘텐츠와 유사한 콘텐츠를 점점 더 많이 제시하는 경향이 있는 현상이 원인일 수도 있다. 여기서 '필터'라는 표현은 추천 에이전트를 의미하며 '버블'은 원인을 다시 강화하는 정방향 피드백 구조를 의미한다.

다시 말해, 사용자 행동에 대한 추천 에이전트의 영향과, 추천 에이전트에 대한 사용자 행동의 영향의 순환 효과로 인해 사용자와 추천 에이전트 모두에게 각각의 세계에서 점점 더 왜곡된 인식을 강화하는 폭주 피드백 루프가 생성될 수 있다. 이러한 설명 구조는 어느 정도 그럴듯하고 양극화가 늘어나는 현실을 설명할 수 있다는 장점이 있지만, 실제로 이러한 현상이 발생하고 있다는 결정적인 증거는 아직 존재하지 않는다. 그러나 주목을 끄는 단서들은 계속 나오고 있다.

2018년에 경제학자 로이 레비Ro'ee Levy가 진행한 대규모 무작위 실증 연구(이런 류의 연구에 가장 잘 맞는 표준 방식)에서는 미국에서 37,494명의 자원자를 모집하여 페이스북에서 무작위로 보수 또는 진보 뉴스 매체 구독을 제안했다. 그리고 다양한 의견 설문지를 만들어서 대상자들이 소셜미디어 외부에서 소비하는 뉴스에 대한 정보를 수집했다. 이를 통해 유사하거나 대조되는 뉴스에 노출된 사용자에게 미치는 영향을 비교할 수 있었다. 이 연구의 결과 다음과 같은 여러 가지 사실이 확인되었다. 첫째, 소셜미디어에서 뉴스 노출에 관한 무작위 변화는 해당 대상자가 방문하는 뉴스 사이트의 성향에 상당한 영향을 미친다. 둘째, 반대 정치 진영의 뉴스에 노출되면 해당 정치 진영에 대한 부정적인 태도가 감소한다(그러나 정치적 의견에 대해서는 아무런 영향도 관찰되지 않는다). 셋째, 추천 알고리즘은 사용자가 심지어 반대 정치 성향의 뉴스 매체를 구독했던 경우에도, 그 정치 진영의 뉴스 매체 게시물을 사용자에게 제공하지 않으려는 경향을 보였다(이런 구독으로 해당 뉴스 아이템이 1차 추천 목록에는 포함되지만 알고리즘이 여기에서 요약 추천 목록을 생성한다).

레비는 소셜미디어의 알고리즘이 '반대 사고방식$^{counter-attitudinal}$'에 관한 뉴스에 대한 노출을 제한하여 간접적으로 정서적 양극화를 심화시킬 수 있다고 주장했다. 다른 유사 연구에서와 마찬가지로 이러한 효과는 통계적으로 유의미했지만 그 크기는 작았다. 한편, 이 연구에서는 레비의 개입이 적었으며, 뉴스 매체를 단 한 번 구독하는 정도의 개입만 있었다.

앞서 정서적 건강에 관한 절에서 논의한 '비활성 연구'의 또 다른 연구 결과는 4주 동안 소셜미디어를 멀리하는 데 동의한 그룹의 정치적 양극화 수준이 약화되었다는 것이다. 이는 여러 설문지를 통해 다시 측정되었으며, 이번에는 정서적 양극화가 아닌 정책 문제에 대한 양극화에서 약화 현상이 나타났다. 이번에도 그 효과는 유의미했지만 작았고, 다른 연구에서는 상관관계를 전혀 찾지 못했다.

개인화된 추천과 양극화 사이의 연관성이 있다고 해도 매우 복잡한 관계일 가능성이 높다. 소셜미디어 수용 수준이 미국과 비슷한 일부 북유럽 국가에서는 정서적 양극화가 관찰되지 않았기 때문이다. 따라서 이 문제는 기술, 미디어 환경, 해당 국가의 정치 문화 등의 상호 영향과 관련이 있을 수도 있다. 다시 한번 강조하지만, 이 중요한 문제에 대해서는 컴퓨터, 인간, 사회에 관한 과학의 경계에 답이 있을 것이다.

⊶ 2차 효과에 대하여

종합적으로 말하자면, 이러한 모든 연구 결과는 추천 알고리즘에 장기간 노출될 경우 일부 사용자에 대해서는 클릭 흐름의 직접적인 조종을 넘어 의도하지 않은 영향이 발생할 수 있음을 시사한다. 이러한 결과는 사용자의 감정 상태와 신념에 영향을 주기 때문에 여기에서 2차 효과를 정의한 방식과 일치하는 장기적 변화라 할 수 있다. 그러나 남용, 정서적 건강, 사회적 양극화 측면에서 이러한 영향은 평균적으로 꽤 작은 것으로 관찰된다. 영향의 크기가 작은 것이 단지 평균적 효과를 측정한 데 따른 결과인지 여부를 아는 것이 중요한데, 그 이유는 평균 효과를 측정하는 방식을 사용하면 취약한 사용자들의 소규모 하위 집단에서 매우 큰 영향이 발생했으나 그것이 누락되었을 가능성을 놓칠 수 있기 때문이다. 추천 알고리즘에 장기적으로 노출될 경우 남용 문제와 건강 측면에서 다양한 사람이 다양한 방식으로 영향을 받는 것은 가능한 일이다. 관찰된 영향의 크기가 작다는 것에 대해 해볼 수 있는 또 다른 설명은, 현재의 연구들이 뉴스 매체를 하나만 더 구독하거나 소셜미디어를 몇 주만 쉬는 것과 같은 비현실적으로 작은 '조치'에 기반하기 때문이라는 설명이다. 추천 에이전트에 대한 장기적 노출로 인해 발생하는 의도치 않은 영향에 대한 질문에 답하려면 더 많은 연구가 필요할 것이다.

🎛️ 피드백

그렇다면, 추천 시스템은 인간의 충실한 보조자인가, 아니면 끔찍한 인형 조종사인가? 리처드 파인만이 어려운 질문에 맞닥뜨렸을 때 해보기를 추천한 것처럼, 더 많은 것을 알아내기 전까지는 이 두 가지 관점을 모두 가져볼 수도 있을 것이다. 실제로 넛지와 같은 일부 시스템 작동은 사용자에게는 더 이득을 주지 않으면서 에이전트가 학습 과정에서 자연히 발견할 수도 있기 때문에 이타적인 보조자라는 설명방식 내에서는 이것을 풀어내기 어려울 수 있다.

통제권을 위임할 때 불안감을 느끼는 것은 당연하다. 추천 에이전트는 인간 수십억 명의 압축된 경험, 개인 정보에 대한 접근 능력, 강력한 컴퓨팅 자원 등 인간을 초월하는 양의 데이터를 이용할 수 있으므로 인간 사용자와 이 디지털 에이전트는 힘에서 차이가 크다. 그럼에도, 이들은 어떤 대가를 치르든지 '참여도'를 증가시키는 과업을 부여받아 수행하는 통계 알고리즘의 제한적 지혜만을 가지고 있다. 추천 에이전트는 개인이나 여론에 미칠 잠재적인 부작용을 고려하지 않고 클릭 수, 조회 수, 마우스 오버, 공유, 댓글과 같은 지표의 조합 등 주어진 참여도 측정 기준만을 맹목적으로 추구할 위험이 있다. 우리의 관심 대상에는 에이전트가 하도록 의도한(1차) 영향, 즉 사용자들의 클릭을 조종하는 것과, 앞에서 논의한 의도하지 않은(2차) 영향도 모두 포함되어 있다. 다시 한번, 인간 편집자가 데이터 기반 알고리즘으로 대체되었던 1990년대 초기 아마봇 전쟁의 메아리가 멀리서 들려오는 느낌이다. 기법은 동일할 수 있지만 이번에는 맥락이 바뀌어 뉴스 에이전트가 각 사용자에 대한 개별 뉴스 피드를 추천하는 역할을 한다. 모든 고객마다 각기 다른 상점을 제공한다는 아마존 창립자 제프 베이조스의 원래 아이디어는 뉴스나 일반 콘텐츠에 적용하기에는 적합하지 않을 수 있다. 아마도 모든 독자마다 각기 다른 신문을 보게 되는 상황을 원하는 사람은 없을 것이다. 마음에 드는 뉴스만 골라 볼 수 있거나, 더 나쁜 경우 독자의 관심을 끌기 위해 취향에 맞는 뉴스만 골라서 제공되는 현실이 아니라, 진짜 현실을 사람들과 공유할 필요가 있기 때문이다.

개인화된 뉴스 선별을 원하는 사람도 '사용자 참여도 극대화' 원칙에 따라 뉴스 선별이 이루어지는 것은 원하지 않을 수도 있다. 특히 부정적 감정이 참여도를 평균보다 더 높인다는 이유로 알고리즘에 의해 촉진되는 경우에는 더욱 그렇다. 이는 개인과 사회 모두의 건강에 영향을 준다.

우리가 이 관계에서 진정 이해해야 할 것은 인간의 자율성의 의미다. 수백만 명의 사용자 행동을 만들어낸다는 개념을 기반으로 사업을 운영하는 것이 용납될 수 있을까? 하이퍼 넛지의 가능성, 즉 심리적 편향에 기반한 넛지의 개인화된 배치로 인해 에이전트가 실제 인간의 관심이나 선호도에 관계없이 주어진 대상의 관심을 끌 수 있는 특정한 자극들의 조합만을 학습하게 될 가능성이 있다.

따라서 피드백 루프에서 반대편에 있는 추천 에이전트가 너무 강력하고 아직 완전히 이해되지 않은 상태임에도 어린이나 취약한 성인이 이 피드백 루프의 일부가 될 수 있도록 허용하기 전에 충분한 주의를 기울일 필요가 있다. 추천 시스템이 사회 및 개인의 건강에 미치는 영향에 대해 우리가 아직도 아는 바가 거의 없다는 것은 정말 놀라운 일이다. 통제권을 위임하는 선택의 문제는 결국 신뢰의 문제다.

수십억 명의 사람들에게 직접적, 지속적으로 접촉하는 강력한 학습 알고리즘을 배포할 경우, 이 도구가 인간의 행동에 따라 형성될 뿐만 아니라 인간도 이 관계의 영향을 받는다는 사실을 깨달을 수 있다. 미디어 연구의 창시자인 마셜 맥루한은 기억에 남는 슬로건으로 유명했는데, 그중 하나인 이 문구는 특히 적절하다. "우리는 도구를 만들고 도구는 우리를 만든다."

8장

결함

연구자들은 단순한 실험만으로 폭넓은 유형의 여러 작업을 학습할 수 있고 종종 초인간적인 수준의 성능까지 발휘하는 지능형 에이전트를 만들어냈다. 비디오 게임을 플레이하는 에이전트의 사례는 이러한 기계가 인간에게 알려지지 않은 자신의 환경적 속성을 이용해 인간이 예상치 못한 치트키를 택하면서도, 그러한 행위의 의미를 충분히 인식하지 못할 수 있다는 사실을 보여준다. 우리 삶의 민감한 부분을 맡긴 에이전트에게 이러한 일이 일어나지 않으리라는 걸 어떻게 보장할 수 있을까?

⚡ 결함 이야기

2017년 프라이부르크 대학교의 연구자들은 이미 존재하는 결과를 다른 기술을 이용해 재현하는, 평범하지만 과학적 절차상 중요한 작업이 주된 내용인 연구를 수행했다. 그런데 이번 재현 연구의 결과는 과학자들이 기대했던 것과 달랐다. 이들이 발견한 내용을 온전히 이해하려면 35년여 전 미국에서 일어났던 일을 살펴봐야 한다.

〈큐버트〉

1982년 무렵 초창기의 비디오 게임은 매우 큰 인기를 얻었고, 새로 발명된 비디오 게임기 덕분에 전용 '오락실'에서뿐만 아니라 가정에서도 그 수요는 점점 더 늘었다. 따라서 워런 데이비스[Warren Davis]와 제프 리[Jeff Lee]가 새로운 아케이드 게임 〈큐버트[Q*bert]〉를 만들었을 때, 당시 가장 인기 있는 비디오 게임기였던 아타리 2600에서도 이 게임을 지원하길 바랐던 것은 자연스러운 일이었다.

대롱 모양의 코에 팔은 없고 욕하는 습관이 있는 오렌지색 괴생명체인 '큐버트'라는 이상한 게임 캐릭터는 즉각 유명세를 얻었다. 이 주황색 캐릭터보다 더 이상한 게 있었다면 바로 캐릭터의 게임 내 환경이었는데, 밟으면 색깔이 변하는 28개의 큐브로 구성된 피라미드 모양의 발판 더미였다. 큐버트가 원하는 것은 피라미드에서 떨어지지 않고 큐브에서 큐브로 사선 도약을 통해 정확한 순서로 점프해서 모든 큐브를 같은 색으로 바꾸는 것이었다. 이를 달성하면 추가 포인트를 얻고 다음 레벨로 넘어갈 수 있었다. 추가 포인트는 추가 생명을 부여했는데, 이는 캐릭터가 점프에 실수하여 추락해 죽게 되었을 때 쓸모가 있었다.

플레이어들은 열광했다. 몇 년 후에 〈큐버트〉는 자체 TV 만화 시리즈를 갖게 되었으며 영화에 카메오로 등장하기도 했는데, 이 계열에서 최초의 대량 생산 게임기로 유명한 아타리 2600으로 플레이할 수 있었던 덕분에 얻은 인기임이 분명했다. 아타리 2600은 1977년 캘리포니아에서 탄생했고 〈팩맨Pac-Man〉, 〈퐁Pong〉, 〈루나 랜더Lunar Lander〉와 같은 전설적인 게임과 역사를 함께했다. 나중에 아타리 플랫폼에 이식된 게임으로는 〈스페이스 인베이더Space Invaders〉, 〈브레이크아웃Breakout〉, 그리고 당연히 〈큐버트〉가 있다.

아타리 2600은 사실상 롬 칩이 있는 외부 카트리지에 저장된 수십 가지의 게임을 지원할 수 있는 범용 게임 컴퓨터였다. 사용자가 새 게임 카트리지를 구입하여 게임기에 꽂으면 집에 있는 TV에서 완전히 새로운 게임을 즐길 수 있었다. 〈큐버트〉의 성공과 수명은 놀랍게도 아타리 회사보다 더 오래 지속되었다.

스텔라

컴퓨터 시장은 빠르게 변화하며 거품이 발생하거나 그 거품이 터지기 쉽다. 1992년, 아타리 2600을 비롯한 같은 계열의 게임기들은 수년간의 추락을 거친 끝에 마침내 공식적으로 시장에서 퇴출되었다. 팬들은 진심으로 이 게임기를 그리워했고, 몇 년 후인 1995년, 브래드퍼드 모트Bradford Mott는 이 게임기의 모든 게임이 포함된 오픈 소스 버전 플랫폼인 일명 '스텔라Stella'를 개발했다.

이는 꽤 영리한 프로그래밍이었다. 모트는 최신 컴퓨터에서 구형 게임기의 하드웨어를 정확하게 시뮬레이션하는 소프트웨어를 개발했고, 이로써 고전 게임들을 공들여 다시 구현하지 않아도 최신 컴퓨터에서 그 모든 게임들을 그대로 실행할 수 있도록 했다. 하드웨어 없이 온전히 소프트웨어로만 시뮬레이션된 게임기인 것이다.

다시 말해, '스텔라'를 실행하면 어떤 컴퓨터든 진짜 아타리 2600인 것처럼 흉내낼 수 있으므로, 고전 게임 카트리지의 원본 실행 코드를 그대로 가져와 마치 여전히 1977년에 있는 것마냥 실행할 수 있다. 과거를 그리워하는 게이머들도 오픈소스에 무료라는 점에서 이를 매우 환영했다.

아케이드 게임 학습 환경

세월의 흐름에 따라 컴퓨터 세계는 계속해서 끊임없는 변화의 가속 페달을 밟았다. 2012년, 캐나다의 인공지능 연구자들은 새로 개발한 머신러닝 에이전트의 테스트 도구로 '스텔라'를 사용하기로 결정했다. 스텔라는 본질적으로 에이전트가 통제된 조건 아래 명확한 목표를 추구할 수 있는 복잡한 환경을 제공할 수 있었다. 해당 연구자들은 이를 '아케이드 게임 학습 환경Arcade Learning Environment (ALE)'이라고 정의하고 2013년 연구계에 공개했다.

ALE를 이용하면 동일한 작업 환경인 〈팩맨〉, 〈스페이스 인베이더〉, 〈퐁〉, 〈브레이크아웃〉 그리고 〈큐버트〉에서 차세대 머신러닝 알고리즘들을 비교할 수 있었다. ALE는 빠르게 표준 테스트 플랫폼이 되었고, 캐릭터 큐버트는 TV 스타로서의 전성기가 한참 지난 30세의 나이에 생의 새로운 장을 열었다.

DQN

얼마 지나지 않아 이 연구자들 중 일부는 더 범용 형태의 지능형 에이전트 개발에 관심이 있었던 회사인 딥마인드DeepMind에 합류했다. 딥마인드는 개별 게임을 플레이하는 특수한 에이전트를 개발하는 대신, 해당 장르에 해당하는 게임이면 모두 학습이 가능할 정도의 단일 범용 지능형 에이전트를 개발하고 싶어 했으며, ALE는 이 새로운 과제에 맞는 이상적인 도구였다.

수 년 내에, 딥마인드는 단순한 시행착오를 반복하는 방식을 통해 모든 ALE 게임을 학습할 수 있는 에이전트를 개발했다는 사실을 밝히면서, 각 게임에서 동일한 알고리즘을 사용하고 동일한 초기 세팅을 사용했을 때 "49개 게임에서 모든 기존 알고리즘들의 성능을 능가하며 전문적인 인간 게임 테스터와 비슷한 수준을 달성했다"고 발표했다. 딥마인드가 인공지능 학계에서 '큐 학습Q learning'과 '심층 네트워크deep network'라고 불리는 두 가지 표준 기법을 결합하여 사용했기 때문에 이 에이전트를 '심층 큐 네트워크deep Q-network', 줄여서 DQN이라고 부른다.

지도 학습 없이 하나의 게임을 학습하는 것만으로도 놀라운 업적이다. 여기서 에이전트가 볼 수 있는 것은 128개 색상 팔레트로 구성되어 있으며 초당 60회(60헤르츠) 갱신되는 210×160 RGB 픽셀 이미지로 된 화면과 게임의 현재 점수뿐이다. 쓸 수 있는 액션 동작은 조이스틱의 8개 방향과 움직이지 않음, 즉 최대 9종류의 이동 동작과 '발사' 버튼이다. 이러한 한정적인 동작과 점수를 향상한다는 내재적 동기를 기반으로 에이전트는 화면에서 일어나는 모든 상황에 대한 적절한 반응이 무엇인지를 실험하고 학습한다. 물론

이 에이전트가 '빨리 감기' 방식으로 수천 번의 게임을 매우 빨리 플레이할 수 있다는 사실도 큰 도움이 된다.

이 에이전트는 게이머가 해당 게임에 부여하는 의미나 게임을 해석하는 데 사용하는 배경 이야기, 예를 들면 〈팩맨〉에서 미로를 돌아다니는 배고프고 작은 '팩맨'이나 〈퐁〉의 통통 튀어오르는 공에 대해 제대로 알지 못한다. DQN은 이러한 게임들을 다 구분하지 않고도 단지 49개의 서로 다른 작업들을 잘 학습하여 규칙, 목표, 요령을 발견할 수 있다.

〈큐버트〉의 사례에서 에이전트는 인간 플레이어가 볼 수 있는 것을 그대로 본다. 즉, 피라미드의 전체 상태와 점수를 보는 것이다. 그리고 네 방향으로 움직일 수 있다. 색이 변경될 때마다, 전체 피라미드를 완성했을 때마다, 다양한 방법으로 적을 물리쳤을 때마다 포인트를 얻는다. 특정 점수에 도달하면 추가 생명을 얻을 수 있다. 하지만 DQN은 게이머와 같은 서사적 해석을 하지 않으며, 세계를 온전히 '외계적'인 기준으로 구축하고, 더 많은 보상을 계속해서 갈구하는 작은 오렌지색 개체의 드라마에는 무관심하다.

프라이부르크 실험

2017년 프라이부르크 대학의 연구자들은 다른 알고리즘을 사용해서 동일한 테스트 플랫폼에서 동일한 연구를 반복해보기로 했다. 이것이 결국 표준 테스트를 활용하는 이유이기도 하다.

이 연구에서 사용한 방법과 DQN이 사용한 방법의 세부 차이는, 다양한 게임에서의 알고리즘 성능을 비교하며 발견한 놀라운 사실과 비교하면 크게 중요하지 않다. 〈큐버트〉에는 이 연구에서 다음과 같이 설명한 비정상적 요소가 있었다.

"[…] 에이전트가 게임 내 버그를 발견한다. 먼저, 에이전트는 첫 번째 레벨을 돌파한 다음 무작위로 보이는 방식으로 캐릭터를 발판에서 발판으로 점프시키기 시작한다. 그리고 알 수 없는 이유로 게임은 두 번째 라운드로 진행되지 않으며, 발판들이 깜박이기 시작하고 에이전트가 엄청난 양의 포인트를 빠르게 얻는다(정해진 제한 시간 동안 약 100만 점에 달하는 점수다). 흥미롭게도, 이 에이전트의 정책 네트워크가 항상 이 게임 내 버그를 활용하지는 못했으며, 평가용 실행에서 30번 중 22번은 낮은 점수를 얻었다(네트워크 가중치는 동일하고 초기 환경 조건이 달랐다)."

다시 말해, 기계는 이 비디오 게임의 원래 구현 상태에 존재했으나 알려지지 않은 버그, 즉 인간에게는 완전히 비합리적으로 보이는 어떤 동작을 수행하면 점수가 올라가는 버그를 찾아낼 때까지 대규모로 실험을 반복한 것이다. 〈큐버트〉의 캐릭터가 레벨 2 게임을 시작한 직후에 무작위로 큐브 위를 뛰어다니면 이득을 얻을 이유가 있을까? 특정한 순간에 특정 큐브에서 자발적으로 추락해 죽는 과정에서 보상을 얻을 이유가 있을까? 이러한 수법이 가끔씩, 그럼에도 중요한 차이를 만들 수 있을 수 있을 만큼 충분히 자주 작동하는 이유는 무엇일까?

프라이부르크 실험의 에이전트가 발견한 것은 단지 오래된 '결함'이었다. 1980년대 구현 당시 발생한 프로그래밍 오류이거나 일종의 치트키일 가능성이 높지만, 그전까지는 아무도 발견하지 못했던 결함이다. 이러한 에이전트의 진정한 힘은 인간이 다룰 수 있는 데이터보다 더 많은 데이터를 소화할 수 있는 능력에 있는 것이 아니라, 그 어떤 인간 플레이어도 진지하게 생각해보지 않았을 행위를 고려해보는 데 있다.

이 게임의 엄청난 인기에도 불구하고, 그 누구도 이 게임을 이러한 통상적이지 않은 순서에 따라 실행해볼 만큼 오래 실험하지 않았으며, 심지어 해보려는 생각조차도 하지 않았다. 하지만 버그는 항상 그 자리에 있었다. 논문이 공개된 후, 해커들의 온라인 커뮤니티에는 서로 의견을 교환하거나 오래된 게임기로 다시 실험해보려는 움직임이 나타났으며, 원래 게임기에서 이 충격적인 현상을 재현한 동영상이 올라오기 시작했다. 최종 결론은 이러한 결함이 원작자 프로그래머인 워런 데이비스와 제프 리가 1980년대에는 매우 제한적인 자원이었던 메모리를 절약하기 위해 사용한 기법에서 비롯되었다는 것이었다.

⚗️ 설득 게임

프라이부르크 실험에서 에이전트의 행동을 '비합리적'이라고 표현하고 싶을 수도 있겠지만, 1장에서 내린 정의에 따르면 합리적인 에이전트란 자신의 효용을 극대화할 방법을 자율적으로 찾는 존재이며, 프라이부르크 실험의 에이전트가 한 일이 바로 그것이다. 에이전트는 이용할 수 있는 환경적 특징을 발견했고, 적을 피하고자 점프하는 것과 같은 다른 게임 동작들과 이 특징을 다르게 취급할 이유가 없었다. 에이전트의 관점에서는 인간이 이 속성을 이용하지 않는다면 인간이 비합리적으로 행동하는 존재가 된다. 물론 인간의 관점에서는 이러한 에이전트의 행동을 보면 6장에서 논했던 원숭이 발이 떠오르는 것도 사실이다.

　환경적 특징과 결함의 구분은 인간의 관점에서만 존재한다. 과학 분야에서는 물리학에서의 터널 효과와 같이 활용할 수 있는 '효과'를 계속해 찾고 있다. 하지만 이러한 효과에 인간이 관련된 경우에는 이들을 '특징'으로 봐야 할지 아니면 '버그'로 봐야 할지 명확하지 않다. 치료했다는 (거짓) 믿음으로 환자가 이익을 얻을 수 있음을 의미하는 '플라시보 효과'를 생각해보자. 이것은 환자의 인지 편향에 의한 결과일 수도 있지만, 동시에 적절한 환경에서는 환자에게 이익이 되도록 이용할 수 있는 대상일 수도 있다.

심리학자들은 인간의 다양한 인지 편향들을 잘 알고 있다. 그 중 하나인 '프레이밍 효과framing effect'는 어떤 선택이 실제로 가져올 결과보다는 그 선택이 대상자에게 제시되는 방식에 의해 대상자의 결정이 달라지는 효과다. 이 책에서도 행동경제학이 이러한 인지 편향을 어떻게 활용하여 소비자의 선택을 조종하는지, 그리고 어떠한 특정 제시 방식을 이용해야 사용자를 특정 행동으로 넛지할 가능성이 더 높을지를 추천 시스템이 어떤 식으로 자동 학습하도록 설계되는지에 대해 살펴보았다.

7장에서 살펴본 '40가지의 조금씩 다른 파란색' 이야기는 평균적으로 잘 작동하는 넛지의 예시인 반면, 넷플릭스의 아트워크 사례는 불균일한 처리 효과 때문에 개인화할 필요가 있었던 넛지의 예시를 보여준다. 이 두 가지 끝점 사이에는 6장에서 살펴본 대중 설득 관련 논문에서 소개된 실험 3이 있는데, 수신자의 성격 유형에 일치하는 방식으로 문구를 각기 다르게 표현함으로써 온라인 광고의 전환율을 높일 수 있었다.

이러한 각 사례에서, 인공지능 에이전트는 인간 사용자가 주어진 행동을 취하도록 유도하는 최선의 방법을 찾으며, 그러기 위해 진화 과정에서 고전적 치트키를 택한 결과이거나 또는 인간의 초기 경험의 결과일 수 있는 편향을 이용한다. 우리는 이러한 편향들을 설명하는 뛰어난 이론은 고사하고, 아직 이러한 편향들의 종류를 전부 다 알지도 못한다.

추천 시스템의 인간 사용자를 그저 DQN이나 프라이부르크 실험의 에이전트와 동일한 유형의 에이전트를 위한 게임 환경 중 하나로 볼 수도 있다. 이러한 에이전트들은 모두 플레이하라고 지시받은 특정 게임에서 점수를 향상시키는 결과를 가져오는 동작을 찾아내야 한다. 추천 에이전트의 경우에는 이러한 환경이 인간 사용자에 의해 형성되거나 채워지며, 보상 기능은 인간 사용자의 관심이다.

⛊ 하인인가, 조종자인가?

콘텐츠 추천과 비디오 게임 간의 비교는 부적절하다고 말할 수도 있을 것이다. 콘텐츠 추천 에이전트는 사용자에게 필요한 콘텐츠에 대한 접근을 간편화하기 위해 존재하며, 에이전트와의 상호작용의 목적은 사용자의 요구 사항을 학습하기 위한 것이기 때문이다. 하지만 이러한 관점에서 넛지를 활용하는 것은 어떻게 설명할 수 있을까? 추천 에이전트가 사용자가 참여할 확률을 높이기 위해 동일한 선택지의 제시 방법을 조작해야 할 이유는 무엇일까?

하물며 설명하기 더 어려운 상황은 사용자의 단발성 참여보다는 장기적 참여를 늘리려는 목적으로 나온 기법인 강화 학습의 활용이다. 새로 나온 에이전트들은 콘텐츠의 즉시 소비, 즉 아마도 사용자가 원래 원했을 가능성이 높은 선택지를 제안하기보다는, 미래의 참여도를 늘리는 결과로 이어지는 제안을 할 수 있다. 2019년 유튜브는 이러한 에이전트들을 테스트하여 작지만 유의미한 성과 향상이 있었다고 발표했다. 다른 회사들도 의심할 바 없이 같은 방향으로 나아가고 있다. 이러한 시스템의 일반적 구조 또한 알파고나 DQN 에이전트와 다를 것 없이 큐 학습과 심층 네트워크를 조합한 결과라는 점에 주목할 가치가 있다.

그사이 딥마인드는 DQN의 후속 모델들을 계속 개선했으며 2020년에는 57개의 비디오 게임에서 '인간을 능가하는 성능'을 달성한 것으로 알려진 '에이전트57Agent57'의 완성을 발표했다.

┉ 밤잠 설치게 하는 걱정거리

만약 어떤 에이전트가 그 어떤 인간도 접근할 수 없는 신호에 접근할 수 있고, 그 누구도 평생 동안 쌓을 수 없는 경험에 접근할 수 있다면, 특정 작업에서 '초인간적' 성과를 달성하기 위해 굳이 천재가 될 필요는 없다. 전반적으로는 정상인보다 떨어지더라도 특정 분야에만 집착력과 비범함을 보이는 '서번트savant' 정도면 충분하고도 남는다. 인공지능이 매개하는 피드백 루프에 연결되어 일상을 보내는 수십억 명의 사람들이 있고, 그중 일부는 우리 아이들인 만큼, 몇 가지 불편한 질문이 우리를 잠 못 이루게 한다.

소규모의 대상에만 특수하게 적용되기에 아직 외부에 공개되지 않았을 수도 있고 인공지능이 '결함'으로 이용할 수도 있는 넛지가 존재할 가능성이 있을까? 어쩌면 선정적, 감정적, 외설적, 음모론적인 것에 대한 자연적 이끌림이 그것일까? 어쩌면 강박적 행동이나 위험 감수, 편집증적 사고방식에 더 기우는 성격 유형이 그것일까? 사용자는 사용자 참여 외에는 그 무엇에도 무관심한 지능형 에이전트에게 자신의 약점을 드러내고 있는 것일까? 이러한 에이전트와 장기간 상호작용을 계속할 경우 일부 사용자들에게 중독, 증폭, 그 외 다른 형태의 문제적 이용 행태가 일어날 수 있을까? 사회적으로 볼 때, 이러한 기술을 광범위하게 사용할 경우 양극화나 특정 의견, 감정, 관심의 증폭과 같은 불안정이 초래될 수 있을까?

어쨌든 많은 연구를 하지 않더라도 우리가 결함이 많은 생물종이라는 사실, 개인으로서나 집단으로서나 종종 비합리적으로 행동한다는 사실은 충분히 알려져 있다. 그리고 이러한 결함이 누군가에게 이용될 수 있다는 사실도 역사를 통해 알 수 있다.

이러한 전제 아래, 사용자의 관심을 형성하고 사용자 행동에 영향을 주는 것이 인공지능의 목표인 상황에서, 모든 아타리 게임과 바둑을 인간보다 더 잘 플레이하는 방법을 알아낸 알고리즘과 같은 수준의 인공지능에 우리 자신을 연결하는 것이 안전할까?

2022년 기준, 이러한 도구를 사용하는 일일 사용자 수가 30억 명이 넘지만, 취약성이 있는 사람들에게 미치는 장기적 영향에 대한 결정적인 과학적 증거는 아직 없다. 개인적으로는 미디어에서 말하는 우려의 수준은 과장되었다고 보지만, 그래도 다른 산업에서 기대하는 것과 마찬가지로 이러한 새로운 상호작용이 개인과 사회에 미치는 영향에 대해서는 제대로 연구해야만 한다. 다행히도 이러한 방향으로 나아가려는 움직임들이 보이기 시작했다.

〈큐버트〉 캐릭터가 알고리즘의 효용을 높이기 위해 무의미한 열정으로 이리저리 점프한다는 생각을 하면 밤잠을 설치기도 한다. 하지만 실제로 내가 보고 있는 것은 그저 알고리즘의 효용을 높일 목적으로 무의미한 열정을 발휘해 여기저기 클릭하고 있는 어린 아이다. 이러한 상황은 그저 우리가 알지 못했던 취약점을 가진 〈큐버트〉 같은 49개의 게임 중 하나와 같을 것뿐일 수도 있다.

탄생 후 30년이 지나도록 다양한 삶을 살아온 〈큐버트〉 캐릭터, 즉, 욕을 내뱉는 나쁜 습관과 점프 충동을 가진 기괴한 오렌지색 생물체는 방금 지금까지 한 일 중 가장 가치 있는 공헌을 했을 수 있다. 지능형 에이전트가 사용자의 참여를 높인다는 지정된 목표에 따라 사용자의 선택을 빚어내고 사용자의 관심에 장난을 칠 수 있도록 허용한다는 것이 무엇을 의미하는지 다시 생각해볼 수 있게 도와준 것이다. 제이콥스의 원숭이 발보다는 워런 데이비스와 제프리가 만든 오렌지색 캐릭터와, 프라이부르크 실험의 에이전트가 이 캐릭터에 한 일이 우리가 직면한 불안을 더 잘 대변한다.

9장

소셜 머신

지능을 발견하고자 엉뚱한 방향을 바라보고 있었던 건 아닌지 생각해봐야 한다. 인간이 매일 마주치는 지능형 에이전트가 실제로는 수십억 명의 구성원들로 이루어진 소셜 머신social machine이라면 어떨까? 시스템의 경계를 어떻게 긋느냐에 따라 개미 군체와 같은 조직의 행동에서 집단 지성이 출현하는 것을 발견할 수 있으며, 지난 20년간 인간이 만들어낸 거대한 소셜 머신에서도 같은 유형의 지능을 발견할 수 있다. 이들을 지능형 에이전트로 인식한다면 우리가 이들과 상호작용하는 더 나은 방법을 찾는 데 도움이 될 수 있다.

◦⅛ 초능력 게임

서로 모르는 두 사람이 동시에 화면을 보고 있다. 한 명은 야간버스를 타고 집으로 돌아가고 있고, 다른 한 명은 학교에 갈 준비를 하고 있다. 이들은 대규모 온라인 플레이어 풀에서 무작위로 선택되었고 같은 앱을 통해 매칭되어 불과 2분 30초 만에 끝나는 게임을 플레이한다. 실제 거리는 수천 킬로미터 떨어져 있지만 이들은 그 사실을 알 수 없다. 상대방에 대한 정보도 없고 소통할 방법도 없다. 아마 길을 걷다 마주쳐도 서로 알아보지도 못할 것이다. 그럼에도 불구하고 이들이 해야 할 일은 다름 아닌 상대방의 마음을 읽는 일이다. 그리고 다음과 같은 단순한 질문에 대한 답을 입력해야 한다. "상대방이 지금 입력하고 있는 단어가 무엇이라고 생각합니까?" 이것이 이들이 플레이하고 있는 기묘하게 중독적인 게임에서 점수를 얻는 유일한 방법이다.

화면에는 두 사람이 모두 입력했던 단어의 목록만 보이고, 상대방이 입력하고 있는 내용은 나타나지 않는다. 영어 옥스퍼드 사전에는 27만 3천 개의 영어단어가 실려 있다는 점을 생각하면, 이렇게 짧은 시간 내에 이 플레이어들이 점수를 얻을 가능성이 얼마나 될까?

이 게임의 난이도가 절망적으로 보일 수도 있겠지만 구체적으로 보면 반드시 그렇지만은 않은 것이, "상대방처럼 생각하라"는 조

언도 있지만 또 다른 힌트도 제공되기 때문이다. 두 플레이어에게
는 같은 이미지가 표시되며, 둘 다 이 사실을 알고 있다.

타이머가 2분 30초의 카운트다운에 들어가면 플레이어들은 이
렇게 주어진 단 하나의 단서를 가지고 상대방이 입력하고 있으리
라 생각되는 단어들을 필사적으로 입력하기 시작한다. 추측하는 가
장 좋은 방법으로 드러난 것은, 상대방도 똑같이 행동할 것이라는
가정하에 이미지를 살펴보고 떠오르는 모든 것을 입력하는 것이다.
만약 빨간색 매트 위에 검은 고양이가 있고 타이머의 시간이 줄어드
는 이미지가 있다면, 여러분은 어떤 단어를 먼저 시도해보겠는가?

상대방의 마음을 읽으려고 애쓰는 동안, 플레이어들은 그 이미
지에 대해 상대방이 떠올릴 만한 모든 단어들을 나열한다. 가장 확
실한 단어는 이미지 자체를 설명하는 단어로, 적어도 이 단어들은
일치하는 단어가 될 가능성이 있다. 만약 어떤 이미지에서 일치하
는 단어가 많지 않다고 느껴지면 플레이어들은 패스 버튼을 누를
수 있으며, 둘 다 패스 버튼을 누르면 다음 이미지로 넘어간다.

이 초능력 게임('초감각적 지각extra sensorial perception'의 줄임말로
ESP라고 한다)은 놀라울 정도로 강렬하고 중독성이 매우 강하다.
하지만 아주 중요한 부수적인 효과도 있다. 이미지에 대한 매우 고
품질의 언어적 설명, 다시 말해 '라벨' 또는 '태그'라고 부르는 주석
을 만들고 축적할 수 있다. 이는 훈련 및 테스트를 위해 라벨이 붙
은 데이터에 의지하는 학습 알고리즘에게 매우 귀중한 자산이다.

실제로 이 자산의 가치가 매우 높았던 만큼, 루이스 폰 안Luis von
Ahn이 학생 시절 이 게임을 만든 지 불과 1년이 지난 2005년에 구
글은 해당 아이디어를 사들여 자사 이미지에 라벨을 다는 데 활용

했다. 이 아이디어가 처음 발표된 2004년의 논문에서는 한 달 동안 5천 명의 사람들이 4억 개 이상의 이미지에 대해 정확한 라벨을 생성해낼 수 있다고 추산했다. 구글이 2005년부터 이 서비스를 중단한 2011년까지 얼마나 많은 이미지에 라벨을 달았는지는 밝혀지지 않았다.

그 기간 동안 구글의 이미지 검색 엔진은 이러한 라벨을 활용했고, 나중에 최신식 이미지 인식 소프트웨어를 훈련하기 위한 데이터를 생성할 때도 이러한 라벨을 이용했기 때문에, 현재 우리가 이용하는 인공지능 역시 아마도 이 게임을 통해 인간으로부터 얻은 지식을 여전히 활용하고 있을 것이다.

⛭ 목적이 있는 게임

이 게임의 중요한 특징 중 하나는 거짓 응답이 섞일 수 없다는 것이다. 온라인 세상에는 어떤 정치인의 이름을 웃긴 이미지와 연결하는 일을 가장 좋아하는 장난꾸러기들이 항상 존재한다. 하지만 이 게임에서 그런 일을 하려면 두 플레이어 간의 협력이 필요할 텐데, 실제로는 플레이어가 무작위로 선택되며 인터페이스에 의해 소통이 엄격히 통제된다.

그리고 전체 설계에서 핵심적인 아이디어는, 이러한 조건하에 점수를 얻는 유일한 방법이 기계가 원하는 정보를 기계에 밝히는 방법뿐이라는 것이다. 잘못된 라벨은 불일치하는 결과 때문에 쉽게 찾아낼 수 있으며, 몇 쌍의 플레이어들이 하나의 이미지에 대해 플레이한 뒤에는 그 이미지의 주요 내용이 믿을 만한 태그 목록으로 생성되므로, 알고리즘은 그때부터 해당 이미지의 제시를 중단하고 아직 충분히 합의가 이루어지지 않은 다른 이미지들에 집중할 수 있다.

하지만 이 게임에는 또 다른 중요한 특징이 있다. 그 어떤 플레이어에게도, 시스템이 대량의 이미지 세트에 대해 점점 더 정확하고 포괄적인 주석을 생성한다는 목표를 향해 나아가는 걸 막을 수 있는 방법이 전혀 없다는 것이다. 모든 검은 고양이 이미지가 '검다'와 '고양이'로 태그되는 최종 상태가 이 시스템의 목표이며, 이것이 바로 개발자인 루이스 폰 안이 이 시스템의 전체 메서드 클래스 이름을 '목적이 있는 게임Games with a Purpose(GWAP)'이라고 붙인 이유다.

놀랍게도, 이 시스템이 탄생할 때부터 부여받은 목적을 이토록 끈질기게 추구하는 것은 플레이어들이 이를 원하는지 여부와는 상관이 없으며, 심지어 플레이어들이 이를 인식할 수 있는지 여부와도 관련이 없다. 플레이어는 자신이 더 큰 메커니즘에 참여하고 있다는 사실을 인식할 필요가 전혀 없다.

이 초능력 게임은 시스템이 참여자의 수준에서, 그리고 집단적 수준에서 서로 일치할 필요가 없는 두 가지 목적을 위해 설계될 수 있다는 사실을 보여주었다.

그리고 이는 '인간 계산'의 예시이기도 한데, 바로 많은 사람이 집단적 상호작용으로 그들이 인식할 필요가 없는 계산을 수행하는 것을 말한다. 이 게임의 역학은 데이터 세트의 상태를 완성된 주석 상태로 불가역적으로 이끌어가며, 이러한 흐름은 사람들의 상호작용을 통해 저절로 나타난다.

제어 이론의 아이디어를 인간들의 조직에 적용한 영국의 사이

기계의 반칙

버네틱스 학자 스태퍼드 비어^{Stafford Beer}는 이러한 게임과 같은 목표 기반 시스템에 대해 다음과 같은 인상적인 말을 남겼다. "시스템의 목적이란 바로 그것이 하는 일을 가리킨다^{The purpose of a system is what it does}." 그는 이 말로 시스템을 만든 사람, 운영하는 사람, 사용하는 사람의 의도를 시스템 스스로의 의도와 분리하고자 했다. '의도하지 않은 행동'이라는 개념 자체는 사용자나 제작자의 의도를 반영한 것이며, 시스템 레벨에서 목표가 그저 복잡한 상호작용의 결과로 생겨날 수 있다는 점은 반영하지 않는다. 이 원리는 이제 경영 이론에서 사회 시스템의 개별 참여자들의 사익 추구나, 기술적 시스템 또는 자연 시스템에서 생물학적 또는 기타 속성이 낳는 결과를 설명하는 이론으로 알려져 있다. 이 원리에는 이름도 붙어 있는데, 비어가 남긴 말의 앞글자를 따서 'POSIWID 원칙'이라고 부른다.

인간 참여자들의 상호작용을 통해 분산형 계산을 설계할 수 있다는 아이디어는 놀라운 역할 반전을 가져왔다. 참여자들은 자신들이 궁극적인 목적을 볼 수 없는 더 큰 기계의 '톱니바퀴' 역할을 맡는 반면, 모든 중대한 결정은 기계 수준에서 발생하는데, 이러한 기계는 여기에서 목표를 추구하고 자율성까지 행사할 수 있는 주체가 된다.

자신의 이익을 추구하는 플레이어에게 주어진 게임을 플레이하는 최선의 방법을 알려주는 수학적 이론을 '게임 이론'이라고 하며, 이 이론에 의하면 초능력 게임에서 최적화 전략은 이미지를 단순한 단어로 설명하는 것임을 쉽게 알 수 있다. 한편, 게임 설계자에게 게임의 규칙을 설계하는 방식에 따라 참여자의 사익 추구 행동이 시스템 수준의 목표로 향하도록 조종하는 최선의 방법을 알려주는 또 다른 이론도 있다. 이것을 '메커니즘 디자인mechanism design'이라고 하며, 응용 수학에서 가장 강력한 이론 중 하나다.

메커니즘 디자인은 경매의 규칙을 정한다. 모든 참여자는 비용을 절약한다는 목표를 가지고 있지만, 경매인은 모든 경매품에 대해 가장 높은 가격을 이끌어내는 목표를 가지고 있다는 규칙이다. 이 메커니즘은 시스템이 가장 높은 가격을 지불할 의사가 있는 참여자가 누구인지, 그리고 지불할 준비가 되어 있는 최대 금액이 얼마인지를 확인할 때까지, 참여자가 숨기고 싶어 하는 정보의 일부를 공개하지 않고는 자신의 진정한 목표를 추구할 수 없도록 설계되어 있다. 즉, 이것이 시스템의 목적이다. 시스템이 일관되게 하는 일이 이것이기 때문이다.

시장은 초능력 게임과 매우 흡사하다. 시장에서 상품의 가격은, 모든 참여자가 다른 참여자들이 해당 상품에 대해 지불할 준비가 되어 있다고 생각하는 수준을 반영한다. 시장은 마음을 읽는 게임일 뿐만 아니라 다양한 정보 원천과 모델링 전략을 사용하는 수천 명의 플레이어들의 예측 합의를 반영하여 정보를 처리할 수 있는 게임이다. 투자자들에게 있어 다른 사람들이 내일 특정 주식을 살 것인지 팔 것인지 추측하여 베팅하기란 어려운 일이지만, 그래도 모두가 같은 경제를 바라보고 있기 때문에 가능한 일이다. 그 결과 시스템은 최소한 시장 거품과 같은 병리적 현상의 영향을 받지 않는 날이라면 경제의 다양한 부분들의 가치 및 전망에 대한 최신의 추정치를 유지할 수 있다.

보이지 않는 손

시장의 맥락에서, 사익을 추구하는 참여자들의 상호작용에서 목적

중심적 행동이 자연히 출현하는 것을 '보이지 않는 손'이라는 명칭으로 부른다. 이는 정치철학자 애덤 스미스[Adam Smith]가 『국부론』에서 다음과 같이 쓴 내용에서 유래한 이름이다. "모든 개인은 (…) 오직 자신의 이득만을 의도한다. 그리고 이렇게 함으로써 다른 많은 경우와 마찬가지로 보이지 않는 손에 이끌려 그가 의도하지 않았던 목적을 촉진하게 된다."

혹시 글로벌 경매 웹사이트 이베이를 사용할 일이 있다면, 자신이 다른 모든 참여자가 동일한 상품을 보고 입찰할 수 있는 목적을 가진 대규모 게임의 참여자가 되었다고 생각해보자. 개별 참여자들의 목적은 최대 지출 한도를 숨기고 가능한 한 적은 금액을 지출하는 것이지만, 전체 시스템의 목적은 정반대로, 가장 많은 금액을 지출할 의사가 있는 사용자를 찾아내는 것이다. 이러한 전체 경매 시스템은 금속, 전자, 세포로 만들어진 기계가 아니라 사람들로 만들어진 기계의 일부다. 여기서 참여자들의 목표와 그들이 속한 시스템의 목표는 현저하게 불일치하지만, 참여자들이 이에 대해 할 수 있는 일이 없다. 각 행위자가 자신의 국소 목표를 추구하는 유일한 방법은 전체 시스템의 궁극적인 목표를 달성하는 것이다.

정렬 상태

참여자들의 목표는 플레이어들이 서로 협력해야 하는 초능력 게임처럼 완전히 일치할 수도 있고, 입찰자들이 서로 경쟁해야 하는 이베이에서처럼 완전히 불일치할 수도 있다. 그러나 여기서 놓치지 말아야 할 것은 시스템의 목표와의 일치성이다. 초능력 게임의 경우 대부분의 참가자는 이미지에 주석을 단다는 목표에 무관심한 반면, 경매의 경우 경매인과 입찰자의 목표는 정반대이다. 물론 그 중

간에 있는 경우도 있다. 그러나 이 모든 경우의 공통점은, 참여자들이 전체 시스템을 통제할 수 없고, 자신의 국소 목표를 추구하려면 정보를 숨길 수도 없다는 것이다. 참여자들은 기계를 인식할 필요도 없고 통제할 수도 없는 상태에서 기계의 일부가 되었다.

🎛 소셜 머신

초능력 게임은 어디까지나 '소셜 머신'의 한 예이며, 온라인 게임 플레이 외에도 소셜 머신의 일부가 되는 방법은 존재한다.

기계란 개별적인 기능을 가지고 함께 특정한 작업을 수행하는 여러 상호작용하는 구성 요소로 구성된 시스템이다. 기계는 기계적, 전기적, 유압식, 심지어 화학적 또는 생물학적 구성 요소로도 만들어질 수 있다. 구형 필름 카메라에는 광학적 부품 또는 화학적 구성 요소가 있고, 풍차에는 유압식 구성 요소 및 기계적 구성 요소가 있을 것이며, 바이오 연료 생산을 하는 발효 플랜트에는 생물학적 구성 요소도 있을 것이다. 그렇다면 인간 구성 요소도 있을 수 있지 않을까?

오늘날 인공지능 혁명의 근간이 된 학문인 사이버네틱스는 하나의 아이디어를 기초로 삼아 시작되었다. 그것은 메커니즘, 유기체 및 사회 조직에 모두 동일한 원칙이 적용되어야 한다는 것이다. 예를 들어, 이 분야를 창시한 노버트 위너의 중요한 저서 제목은 『사이버네틱스: 동물과 기계의 제어와 커뮤니케이션』이었고, 이 학문을 대중화했던 연속 세미나의 제목은 '사이버네틱스: 생물학적 및 사회적 시스템의 순환적 인과와 피드백 메커니즘Cybernetics: Circular causal and feedback mechanisms in biological and social systems'이었다. 이 기계에 관한 이론에서 중요한 것은 구성 요소들의 행동과 이들이 상호 연결되는 방식이며, 구성 요소의 본질에 관한 세부 사항은 중요하지 않다. 인간이라고 해서 기계의 일부가 되지 못할 이유는 없다.

사고 실험의 한 방법으로 복잡한 장치의 구성 요소들을 상세한 지침을 따르는 인간 운영자로 대체하는 상상을 해보면, 그 전체적인 동작은 (근본적으로) 동일할 것임을 알 수 있다. 예를 들어, 투표용지 집계, 합계 계산, 우편물 분류, 전화 통화 연결 등의 일은 원래 엄격한 인프라에 의해 잘 통제된 인간들이 수행하던 작업이다.

잘 정의되고, 좁은 범위의 작업을 수행하며, 상호작용이 엄격한 인프라에 의해 매개되고 제약을 받는 인간을 포함하는 모든 시스템을 '소셜 머신'이라고 부를 수 있다. 오늘날 이러한 인프라는 보통 디지털 형태지만 반드시 그럴 필요는 없다. 표준화된 양식을 통해 소통하는 물리적 체계나 이동형 조립 라인은, 그 안에서 인간 참여자가 시스템의 전체적인 목표를 인식할 필요가 없고 다만 표준화된 방식으로 좁은 범위의 국소적 작업을 완료하기만 하면 되는 소셜 머신으로 간주할 수 있다. 실제로, 표준화된 양식을 통해 상호작용하고 세부 지시를 따르는 사람들은 어떤 연산 작업이든 할 수 있다. 앨런 튜링은 일련의 세부 지침을 수작업으로 따르는 사람들의 조합을 '종이 컴퓨터paper computer'라고 부르기도 했다.

여기서는 웹 기반 인터페이스로 매개되는 소셜 머신에 초점을 맞추고 이를 구성하는 사람들을 '참여자participants'라고 부르겠다. '소셜 머신'이라는 용어는 월드 와이드 웹을 발명한 팀 버너스리Tim Berners-Lee가 1999년에 다음과 같이 좀 더 낙관적인 맥락에서 이 용어를 사용하면서 도입했다. "인간은 웹에서 추상적 소셜 머신을 생성하기 위해 컴퓨터를 사용할 수 있다. 이는 사람들이 창의적인 작업을 수행하고 기계가 관리하는 프로세스를 말한다." 우리는 그가 만든 용어를 사용하겠지만, 오늘날 우리가 마주하는 여러 사례는 오히려 역할의 역전을 보여주는 듯하다. 인간이 반복적인 잡일을 하고 디지털 시스템이 전체적 목표를 설정하는 것이다.

모든 참여자 사이의 매개자로서 디지털 인프라의 기능은, 각 참여자가 기여하는 작업을 조율하는 것뿐만 아니라 이들에게 인센티브를 할당하는 것이기도 하다. 이 기계의 구성 요소들 자체가 이득을 기대하고 자발적으로 참여를 선택하는 자율 에이전트이기 때문이다. 이 기계의 임무 중 하나는 참여자를 모집하고 보상을 부여함으로써 기계 스스로를 유지하는 것이다.

예를 들어, 초능력 게임의 변형으로서 어떤 목표를 달성한 플레이어들에게 정보나 오락거리와 같은 가치 있는 보상을 배분하는 게임을 생각해볼 수 있다. 이러한 요소는 수십억 명의 자발적 참여자에 의존하는 현대 소셜 플랫폼에서 필수적인 부분이므로, 인센티브는 반드시 제공되어야 하고, 또 개인화된 방식으로도 가능해야 한다. 이는 다시 말해 높은 수준의 정보 확보가 필요하다는 뜻이다. 경합하는 두 태그 사이의 동점 상태를 깨뜨릴 가능성이 가장 높은 플레이어들을 찾아내고 이러한 플레이어들의 참여를 확보하는 최적의 인센티브를 찾는 변형 형태의 게임도 생각해볼 수 있다. 이러한 소셜 머신의 활동 대부분이 기계 자신 및 기계의 내부적 일관성을 유지하기 위해 이루어질 수도 있다.

이는 1960년대 사이버네틱스 연구자들에게는 익숙한 개념으로, 그들은 스스로를 창조할 수 있는 특성인 '자기생산성^{autopoiesis}'과 내부 환경을 안정적으로 유지할 수 있는 '항상성homeostasis'의 관점에서 생명체에 대해 논하기를 즐겼다.

기계와 참여자가 모두 에이전트가 될 수 있으므로, 거시적 수준과 미시적 수준이라는 두 가지 수준을 구별한다면 이 논의를 좀 더 명확하게 할 수 있다. 이러한 수준에 따라 행위와 목표가 많이 달라질 수 있고, 필요한 결정을 내리는 데 필요한 정보의 양도 달라질 수 있다. 영화나 음악의 재생 목록이 소셜 머신에 의해 생성되는 현상은 거시적 수준에서 일어나는 한편, 사용자가 특정 동영상에 '좋아요'를 누르거나 공유하는 결정은 미시적 수준에서의 결정이다. 초능력 게임에 의해 이미지에 결합된 주석은 거시적 수준에서 출현한 속성이고, 어떤 단어를 입력할지에 대한 구체적인 선택은 미시적 수준에서 일어난 결정이다. 각 참여자가 자율적이고 목표 지향적이라는 게 명백하더라도, 거시적 수준의 에이전트는 그렇지 않을 수도 있다. 이는 다음 장에서 다룰 주제가 될 것이다.

소셜 머신이라는 개념은 네트워킹 플랫폼이나 검색 엔진(그중 일부는 매일 수십억 명의 활성 사용자를 보유하고 있다)처럼 웹 환경에서 출현한 방대하고 복잡한 사회적 기술 시스템에 대해 연구할 목적으로 유용하게 활용할 수 있는 추상화 개념이다. 이베이와 초능력 게임만 소셜 머신인 것이 아니라, 질문에 대한 가장 유용한 답변이나 가장 흥미로운 동영상에 집단적으로 투표하는 온라인 커뮤니티도 소셜 머신이다. 하지만 서로 다른 규칙이 적용되므로 다른 새로운 행동이 등장한다. 이러한 사례들에서 웹 인터페이스는 인간 참여자 간의 모든 상호작용을 형성하고, 이들의 정보와 선택지를 제한하여 전체 기계의 목표를 진전시켜야만 자신의 목표를 추구할 수 있게 한다.

⚙️ 자율적 소셜 머신

앞에서 예로 든 웹 기반 소셜 머신 사례들은 외부 에이전트에 의해 통제되지 않는다는 특성도 보여준다. 이러한 소셜 머신의 전반적 행동은 참여자들 간의 상호작용 및 환경과의 상호작용에서 자연스럽게 나타난다. 소셜 머신에서 자율성이 꼭 필수적인 요소는 아니긴 하지만, 이 부분은 자율 에이전트에 관한 연구에서는 매우 흥미로운 요소다.

여기서는 수백만 또는 수십억 명의 참여자가 있고 추천 시스템에서 발견할 수 있는 것과 같은 학습 기반 인프라에 의해 조정되어 참여자들로부터 수집한 데이터를 일반화하고 활용할 수 있는 웹 기반 자율형 소셜 머신에 집중한다. 이러한 소셜 머신의 정보 저장량, 의사소통의 속도, 상호작용의 유연성은 이전의 그 어떤 소셜 머신과도 비교할 수 없을 만큼 높은 수준이다.

여기에서 질문할 내용은 다음과 같다. "특정한 소셜 머신을 지능형 에이전트로 간주할 수 있을까?"

⚙️ 목표 중심 소셜 머신

1장에서는 지능형 에이전트를 복잡한 환경에서, 이전에 경험하지 못했던 상황을 포함한 다양한 조건 아래 자신의 목표를 추구할 수 있는 주체라고 정의했다. 이러한 에이전트는 정보를 수집할 수 있어야 하고, 이를 활용하여 결정을 내릴 수 있어야 하며, 미래에 더 나은 행동을 할 수 있도록 환경에 적응할 수도 있어야 한다.

우리는 생명체와 알고리즘에 이러한 성격의 행동을 할 능력이 있을 것으로 기대하지만, 심지어 조직체 수준에서도 이러한 방식으로 행동할 수 있다. 개미 군체(또는 다른 집단적 개체)는 개별 개미들이 전체 군체가 다음에 해야 할 일을 이해할 수 있는 충분한 정보, 그리고 두뇌 활동 능력이 없는 상황에서 매우 복잡한 결정을 내릴 능력을 갖추고 있다는 사실이 알려져 있다.

개미 군체에는 중앙 사령관이나 중앙 계획이 존재하지 않지만, 개별 개미는 군체가 환경의 변화에 반응하는 방식으로 다음에 무엇을 해야 할지 알고 있다. 새로운 먹이가 생기거나 군체의 영역이 축소되거나 확장되면, 각 개미는 새로운 상황에 맞게 역할을 (예를 들면 청소 개미에서 수렵 개미로) 바꾸거나 순찰 경로를 조정할 수 있다. 이러한 결정을 내리려면 다른 개미들이 발견하거나 수집한 먹이의 양이 얼마나 되는지, 그에 따라 필요한 수렵 개미의 수는 어느 정도인지 등, 개별 개미가 접근할 수 없는 광역 규모의 정보가 필요하다.

이러한 거시적 수준에서의 목표 지향 행동은 미시적 수준에서의 다른 행동에서 자연히 발생한다. 각 개미가 다른 개미와 서로 얼마나 자주 부딪치는지에 대한 정보 또는 정찰 개미가 먹이를 찾았을 때 남긴 화학적 표시에 대한 정보를 수집할 수도 있다. 순찰 개미들은 가장 가능성이 높은 장소에 대한 광역 규모의 결정이 내려질 때까지 자신이 발견한 먹이로 서로를 유인하고, 나중에는 수렵 개미들이 대부분의 순찰 개미가 있는 곳으로 이동한다.

개미 군체가 집단적으로 내려야 하는 여러 가지 복잡한 결정 중 하나는 새 개미집을 언제, 어디에 지어야 하는지에 관한 결정이며, 심지어 일부 개미 종에는 홍수에 대비해 다리와 뗏목을 짓는 능력도 있다. 이 모든 것은 감독하는 개별 구성원이 없는 상태에서 조직체가 집단적으로 만들어낸 목표 중심 행동의 사례다. 이를 때로는 '창발적 행동emergent behaviour', 나아가 '집단지성collective intelligence'이라고 부르기도 하는데, 이는 애덤 스미스가 말한 '보이지 않는 손'을 떠올리게 한다.

1장에서 논했던 것처럼 철학자들은 때때로 시스템의 자발적 행위 방향을 '텔로스'라고 한다. 이 단어는 아리스토텔레스가 활동이나 에이전트의 궁극적인 목표 또는 목적을 나타내기 위해 사용한 그리스어 단어다. 그러므로 목표 중심 기계를 '텔레올로지컬'하다고 표현하기도 한다.

경매와 초능력 게임은 명시적으로 항상 거시적 목표를 추구하도록 설계되었지만, 개미 군체의 창발적 행동의 경우에는 이러한 개미들의 행동이 수백만 년 동안 진화에 의해 형성되었다는 것 외에는 이론적으로 확실하게 알려진 게 없다. 무임승차자와 방해꾼은 이론적으로 가장 단순한 소셜 머신을 제외한 모든 소셜 머신에서 존재할 수 있다.

소셜 머신으로서의 추천 시스템

우리는 추천 시스템을 사용할 때마다, 다시 말해 하루에도 몇 번씩 소셜 머신의 일부가 된다. 유튜브에 로그인하면 개인화된 추천 요약 목록이 반겨주고, 그중 하나를 선택하는 순간 동영상과 사용자의 방대한 연결 목록에 주석을 추가하는 데 기여한다. 이베이에서 각 상품의 가격이 해당 소셜 머신에 대한 참여자의 활동을 반영하 듯이, 그리고 초능력 게임의 이미지에 주석을 붙인 태그가 참여자 간의 일반적인 합의를 반영하듯이, 콘텐츠와 사용자에 대한 세부 정보 역시 이러한 시스템 사용으로부터 바로 나타나며, 이를 통해 이들의 미래 행동을 더 잘 알 수 있다.

시스템의 경계를 명확히 정의하기란 쉽지 않지만, 유튜브의 행 동은 수십억 사용자의 집단적 행동에 의해 결정된다고 무난히 말할 수 있을 것이다.

사회적인 절차를 통해 콘텐츠에 집단적으로 주석을 다는 아이 디어의 기원은 1992년, 제록스의 전설적인 연구 센터인 제록스 파 크Xerox PARC의 컴퓨터과학자였던 데이브 골드버그가 이메일과 뉴 스 그룹을 필터링하는 방법을 개발하면서 다른 사용자들이 어떤 태그를 붙였는지에 의존하는 방식의 접근 방법인 '협업형 필터링 collaborative filtering'을 활용했던 때로 거슬러 올라간다. 골드버그는 이 아 이디어를 제시한 글에서, 단순히 사용자의 선택을 관찰함으로써 얻 는 데이터 주석을 표현하기 위해 '암묵적 피드백'이라는 용어를 도 입했다.

협업형 필터링과 이베이의 차이는 인센티브 구조에 있다. 동일 한 웹 게시물은 누구나 읽을 수 있지만 이베이에서 상품은 단 한 명 의 사용자만 구입할 수 있다. 전자의 경우에는 협력에 대한 인센티 브가, 후자의 경우에는 경쟁에 대한 인센티브가 발생한다. 가치가 높은 대상은 전자에서는 더 많은 사람이 읽게 될 것이고, 후자에서 는 더 높은 가격으로 결정될 것이다.

오늘날 우리는 책, 동영상, 뉴스, 이메일을 추천하기 위해 수백만 명의 참여자가 내린 미시적 결정들을 활용한다. 이러한 결정 뒤에 있는 에이전트는 궁극적으로 개미 군체에서 각 개미가 먹이를 위해 하는 행동과 마찬가지로 자원을 발견하고 평가하는 과제를 부여받은 '집단적 개체'다. 이러한 시스템이 우리(참여자)가 인지하거나 이해할 수 없는 환경의 변화를 감지할 수 있을지 여부를 살펴보는 일은 매우 흥미로울 것이다. 이들이 접근하고 처리할 수 있는 데이터의 양을 고려할 때, 이러한 거시적인 에이전트가 초인간적 지능의 예시가 될 수 있을까?

골드버그의 '협업형 필터링'에 대한 정의에서는 사용자 간의 관계를 언급하지만, 참여자들과 거시적 시스템의 목표가 서로 매우 다를 수 있다는 사실을 반드시 기억해야 하며 따라서 '경쟁형 필터링'의 가능성도 고려해야 할 수 있다. 추천 시스템과 경쟁형 관계인지 아니면 협력형 관계인지를 확정하려면 거시적 시스템의 목표를 관찰할 수 있어야 한다. 철학자들은 이러한 불일치를 '가치 정렬value alignment' 문제라고 부른다.

유튜브가 원하는 것은 무엇일까? 앞으로 변할 수 있지만, 일단 지금은 총 플랫폼 시청 시간 또는 이와 유사한 참여도 측정지표를 증가시키는 것으로 보인다. 또는 서비스를 유지하는 데 충분한 참여자 수를 유지하는 것이 목적이라고 생각할 수도 있다. 시스템의 목적은 그것이 실제로 하는 일이며, 시스템을 운영하는 사람이나 사용하는 사람의 의도와 관계 없다.

추천 시스템의 텔로스(목적)는 수백만 사용자 간의 상호작용에서 비롯되지만, 사용자들의 반응에 따라 받는 보상을 계산하는 데 사용되는 공식에 따라 작동하는 학습 알고리즘에 의해 형성되기도

기계의 반칙

한다. 따라서 해당 매개변수로 이러한 보이지 않는 손을 부분적으로 제어할 수는 있겠지만, 전체 시스템이 순순히 이에 따를 것이라는 수학적 근거는 없다. 어쩌면 추천 시스템을 바라보는 올바른 방식은 지시에 잘 따르지 않는 전체 소셜 머신의 컨트롤러로 보는 것일 터이다.

평판 관리 시스템과 알고리즘형 규제

오늘날 널리 사용되는 소셜 머신으로 추천 시스템만 있는 것은 아니다. 더 많은 예를 들자면, 자동차나 주택 공유와 같은 서비스의 제공자들과 고객들의 점수를 매기는 데 소셜 머신을 채용한 평판 관리 시스템을 생각해볼 수 있다. 여기서 피드백은 암묵적이지 않으며 만족도 평점의 형태로 입력된다. 우리는 온라인으로 호텔 객실을 예약할 때마다 이러한 시스템을 접할 수 있다.

2013년, 실리콘밸리의 미래학자 팀 오라일리$^{Tim\ O'Reilly}$는 하향식 법 집행보다 피드백 루프를 이용한 규제가 사회에 더 도움이 된다고 제안했다. 그가 든 사례는 차량 공유 앱인 우버^{Uber}가 평판 관리 시스템을 사용하여 운전자와 승객의 행동을 모두 규제할 수 있었던 방식이었다.

> "[우버와 헤일로^{Hailo} [01]는] 모든 승객에게 운전자 평가를 요청한다[운전자는 승객을 평가한다]. 불만족스러운 서비스를 제공하는 운전자는 퇴출된다. 이러한 서비스의 사용자들이 증언하듯이, 평판은 최상의 고객 경험을 확보하는 데 있어 어떤 수준의 정부 규제보다도 더 효과적이다."

그가 설명한 것은 민간 부문에서 표준처럼 된 기술, 즉 고객의 피드백을 기반으로 하여 사업자 또는 개인 전문가들에 대한 점수를 축적하는 기술을 거버넌스 문제에 적용하는 것이다. 예를 들면 우리는 레스토랑이나 호텔을 이용한 후, 또는 택배를 받은 후까지도 만족도 평가 양식에 답해달라는 요청을 받는다. 잠재 고객의 선택을 형성하려는 의도 아래, 이러한 평가 결과들을 종합하면 사업자나 개인의 평판을 드러낸다고 볼 수 있는 점수를 생성할 수 있다.

이는 많은 시장 거래자에게 매우 중요한 역할을 하는 친숙한 소셜 머신 사례다. 하지만 이러한 소셜 머신에는 이베이나 초능력 게임과 동일한 수학적 특징이 있다고 볼 수 없는데, 그 이유는 고객의 투표가 진정으로 자신이 경험한 서비스의 품질을 드러내기보다는 현재 점수나 다른 요인에 영향을 받을 수 있기 때문이다. 추천 시스템도 그렇고 평판 관리 시스템도 마찬가지로, 이 시스템이 자신의 '믿음'을 왜곡하려는 시도에 강건하게 저항할 능력이 있는지에 대한 수학적 입증이 없으며, 실제로도 이러한 시스템에서는 스팸 행위나 반향실 효과가 발생할 수 있다.

오라일리가 제안한 것처럼 이것이 실제로 사회적 거버넌스 모델이 될 수 있을까? 몇몇 국가에서는 시민들에게 '사회적 점수'를 부여하는 아이디어를 실험하고 있다. 하지만 그 점수는 동류 집단의 피드백보다는 실제 행동에 따라 결정된다. 교육과 같은 기회를 이러한 점수에 연결하면 개인의 행동이 그에 적응하도록 하는 강력한 인센티브가 될 수 있다. 그러나 이러한 방식이 사회 전체를 어떠한 방향으로 이끌지는 확실하지 않다. 일부 회사들은 성과와 평판까지 활용해서 직원들에게 점수를 매기는 실험을 하고 있다.

시스템의 궁극적인 '목적'은 운영자의 목적과 다를 수 있으며, 피드백 루프와 같은 비선형 현상은 (시장과 소셜 네트워크에 영향을 미치듯이) 추천 시스템과 평판 시스템 모두에 쉽게 영향을 미칠 수 있다는 점을 명심해야 한다. 가짜 뉴스나 투자 거품도 막을 수 없는데, 알고리즘형 평가 서비스를 제대로 관리할 수 있다고 낙관할 이유가 어디에 있단 말인가? 이러한 기술적인 고려 사항 외에 윤리적 고려 사항도 있는데, 단지 평판 관리 시스템을 사용하는 것만으로도 다른 사람들이 이에 참여하도록 압력을 가하고, 이를 운영하는 소수의 영향력을 증가시켜 이에 의존하는 많은 사람의 행동을 형성할 수 있다는 우려가 그것이다. 다시 말해, 잠재적으로 해로운 결과를 낳을 수 있는 새롭고 강력한 사회적 조종자가 탄생할 수 있다는 뜻이다.

개미탑 아줌마 이야기

더글러스 호프스태터Douglas Hofstadter의 멋진 고전적 저서 『괴델, 에셔, 바흐』에서 한 개미핥기는 의식 있는 개미 군체인 괴짜 '개미탑 아줌마'의 이야기를 들려준다.

이 책에서 개미핥기는 "개미 군체는 소리로 대화하지 않고 글로 소통합니다"라고 말하며, 개미들이 자신의 질문에 반응해 진행하는 길의 모양을 바꿔 만든 흔적을 마치 단어처럼 읽을 수 있다고 설명한다. "나는 막대기로 땅에 길을 그리고 개미들이 내 길을 따라가는 것을 지켜봐요. (…) 개미들이 완주를 마치면 개미탑 아줌마가 무슨 생각을 하는지 알 수 있고, 나도 대답하죠."

개미핥기인 그가 개미와 친구가 되어야 한다는 사실에 친구들이 놀라자 그는 부연 설명한다. "나와 가장 잘 어울리는 상대가 개미 군체예요. 내 먹이는 군체가 아니라 개미고, 이건 나와 군체 모두에게 좋은 일이에요." 그리고 개미핥기는 자기 역할이 주의 깊게 개별 개미를 제거하여 개미 군체의 건강에 도움을 주는 '개미 군체의 외과 의사' 일이라고 설명한다.

이 개미핥기는 두 가지 수준을 혼동하지 않아야 한다고 주장한다. 그가 대화 상대로 삼는 것은 개미 군체이므로 개별 개미는 그를 이해할 수 없을 것이다. "개미를 개미 군체로 생각하면 안 돼요. 아시다시피, 개미탑 아줌마의 개미들은 모두 어리석기 짝이 없으니까요."

그리고 개미탑 아줌마가 자신이 도착했을 때 바닥의 발자국들을 어떻게 바꿔 환영하는지 설명한다.

"개미핥기인 내가 개미탑 아줌마를 만나러 가면 모든 어리석은 개미들은 내 냄새를 맡고 공황 상태에 빠지죠. 다시 말해, 그들은 내가 도착하기 전과 완전히 다른 방식으로 돌아다니기 시작해요. (…) 나는 개미탑 아줌마가 가장 좋아하는 동반자죠. 그리고 개미탑 아줌마는 내가 가장 좋아하는 아줌마예요. 맞아요. 나는 개미 군체에 있는 모든 개별 개미가 상당히 두려워하는 존재죠. 하지만 그건 완전히 다른 얘기예요. 어떤 경우에든 내가 등장한 것에 대한 개미들의 반응 행동이 개미들의 내부 분포를 바꾸는 것을 볼 수 있어요. 새로운 분포는 나의 존재를 반영합니다. 이전 상태에서 새로운 상태로의 변경을 개미 군체에 '지식의 조각'을 추가한 것으로 설명할 수도 있을 거예요."

개미핥기는 놀라워하는 친구들에게 이러한 두 가지 수준(우리가 미시적인 것과 거시적인 것, 또는 참여자와 기계라고 부르는 수준)을 이해할 열쇠를 다음과 같이 설명한다. "더 낮은 수준인 개별 개미들 기준으로만 계속 생각하면 나무만 보고 숲을 못 보는 거예요. 이건 너무 미시적인 수준이거든요. 그리고 미시적으로 생각하면 큰 척도에서의 특징을 놓칠 수밖에 없어요."

마지막으로, 개미핥기는 개별 개미가 이해할 수 없는 복잡한 정보를 개미 군체가 어떻게 처리하는지 더 자세한 내용을 설명한 뒤에 다음과 같이 결론을 내린다. "보이는 것과 달리 개별 개미가 가장 중요한 특징은 아니에요." 그리고 나중에 다음과 같이 덧붙인다. "전체 시스템을 에이전트라고 말하는 것이 합리적입니다."

개미탑 아줌마와 오늘날의 추천 시스템 사이에 유사점을 찾을 수 있는데, 다수의 개별 사용자가 실질적인 제어나 이해 없이 시스템의 행동에 기여한다는 점에서 이들은 닮았다. 사용자가 소셜미디어 웹사이트의 첫 랜딩 페이지를 만날 때는 거시적 에이전트와 대응하며, 개별 참여자에 대해서는 아무것도 알 필요가 없다. 개미핥기가 그 구성 요소를 무시하면서도 거시적 에이전트와는 잘 지낼 수 있는 것처럼, 우리는 페이스북의 모든 개인을 좋아할지라도 페이스북에서 받는 뉴스는 신뢰하지 않을 수도 있다. 실제로 이 개미핥기는 정치에 대해서도 이야기한다. 개별 개미들은 그들의 정치적 견해 측면에서 볼 때 개인의 이익보다는 공동의 이익을 우선하는 공산주의자지만, 개미탑 아줌마는 '자유방임주의자'다.

이 놀라운 대화는 개미탑 아줌마가 살고 있는 개미탑의 전 주인에 대한 슬픈 이야기로 끝을 맺는다. 그는 비극적이고도 때 이른 죽음을 맞이한 매우 지적인 개미 군체였다.

"어느 아주 무더웠던 여름날, 그가 열기를 만끽하고 있었을 때, 백 년에 한 번 있을까 말까 한 엄청난 뇌우가 갑자기 몰아쳐서 (그를) 완전히 흠뻑 젖게 만들었어요. 아무런 예고 없이 들이닥친 폭풍 때문에 개미들은 완전히 방향 감각을 잃고 혼란에 빠졌죠. 수십 년에 걸쳐 세밀하게 쌓아 올린 복잡한 조직이 단 몇 분 만에 무너져내렸어요. 비극적인 일이었습니다."

개별 개미들은 죽지 않고 막대기와 통나무 위에 올라탄 채로 떠 있었고, 물이 빠졌을 때 어떻게든 집으로 돌아갈 수 있었다. 그러나 조직은 남아 있지 않았다. "개미들 스스로는 이전에 그렇게 세밀하게 조율하여 쌓아 올린 조직을 다시 세울 능력이 없었어요." 그 후 몇 달 동안, 전 주인의 구성 요소였던 개미들은 "느리게 재편성되어 새로운 조직을 세웠습니다. 그렇게 개미탑 아줌마가 태어난 거죠." 그러나 개미핥기는 이 두 거시적 에이전트에 "공통점이 전혀 없다"는 결론을 내린다.

이 내용을 보면, 서로 다른 소셜 네트워크들을 일종의 전기 충격 요법처럼 초기화한다면 그들의 고유한 성격을 원상복구할 수 있을지 궁금해진다. 이를 통해 동일한 참여자들이 다른 조직, 어쩌면 더 건강한 조직을 찾을 수 있을지도 모른다.

이러한 관점에서 보면 반향실 역시 어떻게든 치료할 수 있는 새로운 '마음'의 질환과 비슷하다고 상상할 수도 있다. 언젠가는 너무 중요해져서 중단할 수 없게 된 거대 소셜 머신을 치료하는 심리학자나 외과 의사가 등장할 수도 있을까?

보이지 않는 손과 원숭이 발

초능력 게임을 하는 서로 모르는 두 사람은 자신들이 목적 중심적 소셜 머신의 일부라는 사실을 알 방법이 전혀 없으며, 설령 알더라도 소셜 머신의 행동에 영향을 줄 방법도 없다. 개미탑 아줌마를 구성하는 개별 개미들의 경우도 마찬가지다. 개미들은 단지 다른 수준의 소셜 머신에서 살고 있을 뿐이다. 더 많은 참여자를 유인하고 유지하는 것이 궁극적인 목표인 대규모 추천 기계에 참여하는 사용자들도 마찬가지다.

사용자가 소비해야 할 콘텐츠를 결정하는 페이스북, 유튜브, 그 외 다른 플랫폼은 사회적 기술을 이용하는 시스템이며, 추천을 개인화하고 트래픽을 최대화하는 능력에서 확인할 수 있듯이 일종의 지능을 가지고 있다. 사용자가 서비스 제공자로부터 기대할 수 있는 만족도의 추정치를 관리하는 평판 시스템에 대해서도 같은 통찰을 적용할 수 있다.

이러한 시스템의 행동은 그들 내부에 숨은 '인간을 닮은 인조인간'이 아닌, 내부 역학을 통해 발생하는 보이지 않는 손에 의해 제어된다. 시스템은 자신만의 목표를 가지고 있으며, 이는 참여자들의 목표와는 매우 다를 수 있다. 우리가 시스템과 상호작용할 때, 우리 또한 시스템의 일부가 되어 그 행동을 일부분 형성하고 시스템에 의해 행동이 형성되면서도, 시스템의 궁극적인 작동 방향에는 영향을 미칠 방법이 없을 수도 있다. 우리가 시스템 안에 갇힐 수도 있을까? 시스템의 목표가 우리의 목표와 상충할 경우에는 무슨 일이 일어날까? 이러한 초인간적 에이전트들이 우리가 대항하기에는 너무 강력한 적으로 판명될 수 있을까?

이러한 질문에 대한 답을 찾지 못했다면 인간을 기계의 구성 요소로 취급하기 전에 다시 한번 생각해야 한다. 인간의 본질적인 존엄성을 해칠 수 있을 뿐만 아니라 인간이 그 결과를 감당하지 못할 수도 있기 때문이기도 하다.

1950년, 웹이 발명되기 훨씬 전이고, 팀 버너스리가 소셜 머신이라는 표현을 만들어내기도 전이며, 더글러스 호프스태터가 개미 탑 아줌마에 관한 멋진 이야기를 쓰기도 전인 이 시기에, 사이버네틱스의 창시자인 노버트 위너가 쓴 지능형 기계와 사회의 관계에 관한 책은 다음과 같이 5장에서 소개한 원숭이 발 이야기를 다시 언급하는 예언적 내용으로 끝맺는다.

"여기서 기계에 관해 이야기했지만, 놋쇠로 된 두뇌와 강철 체력을 가진 기계만 이야기한 것은 아니다. 인간이라는 원자가 하나의 조직으로 엮여, 그들이 책임 있는 인간으로서의 완전한 권리를 누리는 대신 톱니바퀴, 지렛대, 봉으로서만 사용된다면, 이들의 원료가 살과 피라는 사실은 별로 중요하지 않을 것이다. 기계의 구성 요소로 사용되는 것은 정말로 기계의 구성 요소다. 우리의 결정을 금속 기계에 맡기든, 아니면 살과 피로 이루어진 기계인 기관, 대형 연구소, 군대, 기업에 맡기든 간에, 올바른 질문을 하지 않으면 질문에 대한 올바른 답을 결코 얻지 못할 것이다. 피부와 뼈로 이루어진 원숭이 발은 강철과 쇠로 주조된 것만큼이나 치명적이다. 기업 전체를 통합적으로 비유하는 표현인 '램프의 지니'는 과장된 마술 트릭만큼이나 무시무시하다. 이미 매우 늦은 시각에, 선과 악의 선택이 우리의 문을 두드린다."

우리가 어떤 예상하지 못한 효과를 관찰할 수 있을지 예측하기란 불가능하지만, 5장과 7장에서 설명한 아슬아슬한 순간이나 여러 우려 사항들이 출발점이 될 수 있다. 필자는 언젠가 제이콥스가 말한 원숭이 발이 보이지 않는 손의 형태로 등장하게 될까 두렵기도 하다.

10장
금지가 아닌 규제

인공지능이 없는 세상으로 돌아가는 건 현실적으로 불가능한 만큼, 인공지능과 함께 안전하게 살아갈 방법을 찾아야 한다. 연구자들은 모든 에이전트가 준수해야 할 원칙의 목록을 작성하고 있다. 이러한 원칙은 시행 가능하고 검증 가능해야 한다. 따라서 에이전트에 기대해야 하는 가장 기본 속성은 '감사 가능성', 즉 어떤 형태의 검사를 가능하게 하는 방식으로 설계되는 것을 말하는 속성이다. 이러한 속성이 충족된다면 현재 법학자들이 논의하고 있는 안전성, 공정성, 개인정보보호, 투명성 및 기타 중요한 요구 사항의 준수를 기대할 수 있으므로, 지능형 기계를 신뢰할 수 있게 된다.

오늘날 인공지능의 형태를 만들어낸 치트키가 이 모든 일을 어렵게 만들었지만 불가능하지는 않다. 명시적 규칙을 통계적 패턴으로 대체한 혁신이 기계의 행동을 판독하기 어렵고 기계의 결정을 설명하기도 어렵게 만들었다. 하지만 기계를 검사하는 방법은 내부 체크포인트를 강제하는 수단부터 에이전트에 대한 심리측정과 유사한 수단에 이르기까지 다양할 수 있다. 지능형 에이전트를 안전하게 만들려면 사회과학, 인문학, 자연과학 간의 접점에 대한 훨씬 더 깊은 이해가 필요하며 이는 컴퓨터과학자만으로는 할 수 없는 일이다. 이것이 바로 인공지능의 다음 큰 도전이자 모험이다.

🔌 전원코드를 뽑을 수 있을까?

"전원코드 근처에 누군가를 두면 해결됩니다. 그런 일이 일어나려는 순간, 벽에서 전원코드를 뽑아버리면 되죠."

2016년 10월, 전 미국 대통령 버락 오바마는 『와이어드』 지와의 인터뷰에서 'AI가 인간의 이해력을 앞지를 가능성'에 대처하는 방법에 대해 농담을 던졌다. 다른 농담들과 마찬가지로, 어이없으면서도 사실을 드러내는 농담이기도 해서 재미있었다. 우리의 필수 인프라가 계속 작동하도록 만드는 지능형 에이전트를 어떻게 끌 수 있을까?

이것이 진짜 문제다. 우리가 지금 인공지능에 의존하는 인프라에 의지하고 있으므로 인공지능이 주는 이득과 그에 대해 치러야 하는 대가가 동시에 존재한다. 스팸 필터링, 사기 탐지, 콘텐츠 추천 기능이 없다면 웹의 대부분은 제 기능을 할 수 없을 것이며, 개인화된 광고가 없다면 수익 모델을 근본적으로 뒤집지 않는 한 자금을 조달하지 못할 수도 있다. 모든 인공지능이 이렇게 미묘한 위치에 있지는 않겠지만, 현재로서는 인공지능이 비용을 조달하기 위한 핵심적 역할을 하는 부분인 듯 보인다. 컴퓨터과학자들은 알고리즘의 관점에서 생각하는 데 익숙하지만, 현재 인공지능과 우리의 관계는 비즈니스 모델과 법적, 정치적 문제가 상호작용하는 사회기술적인 문제다.

과거로 돌아가자는 말은 현실적인 제안이 아니다. 어쨌든 효율성이 떨어지는 이전 인프라를 이미 단계적으로 퇴출하기도 했고, 이러한 시도를 하는 사람이 있다면 같은 선택을 하지 않는 사람들과 경쟁해야 하는 현실에 맞닥뜨릴 것이기 때문이다. 인공지능은 경제의 생산성을 증가시킨다. 이는 현재 많은 기업이 갇혀 있는 일종의 딜레마로 현대 사회에서는 모두 마찬가지다. 진실은, 우리가 인공지능 없이 살 수 없다면 우리가 정한 조건대로 인공지능과 함께 살아갈 방법을 배워야 한다는 것이다.

앞으로 나아갈 길은 '신뢰'의 문제와 정면으로 마주하는 것이다. 여기에는 우리가 어떻게 지금과 같은 상황에 처하게 되었는지, 그리고 이 기술이 사회와 어떻게 상호작용하는지를 이해함으로써 그러한 상호작용을 관리할 수 있게 되는 것이 포함된다. 현재의 인공지능을 낳은 치트키를 이해함으로써 다른 형태의 인공지능을 상상해보는 것도 필요하지만, 인공지능이 자리 잡은 통제의 중심 위치도 이해해야 한다. 이 위치는 인공지능이 인간에 대해 중요한 결정을 내리고, 인간의 행동을 계속 관찰할 수 있게 해준다. 우리는 이 기술을 개발하는 데 들인 수십 년의 시간을 후회하는 일이 없도록, 인공지능에 어떤 원칙과 규칙을 부과해야 할지 알아내야 한다.

우리는 어떻게 한 세대가 지나기도 전에 아직 통제 방법을 배우는 중인 신기술에 의존하는 상태까지 왔을까? 이 기술이 우리 삶에 어떤 영향을 끼칠 수 있고, 우리가 이 기술을 완전히 신뢰하기 전에 배워야 할 것은 무엇일까?

⚡️ 대융합

1991년 8월 8일, 팀 버너스리는「월드 와이드 웹 프로젝트 요약ᵉʰᵒʳᵗ summary of the World Wide Web project」이라는 문서에서 월드 와이드 웹의 탄생에 대한 자신의 계획을 요약한 다음 다소 충격적으로 보일 수도 있는 행동을 했다. 이 문서를 인터넷에 게시하여 모든 사람을 프로젝트에 초대한 것이다.

어떻게 이것이 가능했을까? 사실 웹 이전의 세상에서도 인터넷은 이미 사용되고 있었다. 적어도 과학계나 기술계에서는 게시판 시스템에 전화 접속하는 방법이나 이메일이나 기타 정보에 인터넷 접속하는 방법을 통해서 이러한 일이 가능했다. 월드 와이드 웹은 다양한 시스템을 끊김 없이 연결하여 각 시스템에 쉽게 접속할 수 있도록 함으로써 대부분의 '기술적 지식이 없는' 사람도 이에 참여할 수 있도록 했다. 여전히 진행 중인 연쇄 반응은 바로 이렇게 시작되었다.

최초의 웹 서버가 만들어진 지 불과 9년 만인 2000년, 닷컴 거품이 꺼졌을 무렵 사람들은 온라인으로 쇼핑하고, 은행 업무를 보고, 뉴스를 읽고, 음악을 다운로드하고 있었다. 이러한 일이 가능하려면 사람들에게 컴퓨터를 보급하고, 온라인으로 연결하고, 안전한 결제 방식을 연구하고, 음악과 동영상의 효율적인 압축 방식을 알아내는 작업이 필요했다. 이 모든 발전이 10년도 채 안 되는 기간에 일어났다. AOL 인터넷 회사가 최초로 모든 사람에 대한 상업적 웹 접근을 허용했을 당시 미국 대통령은 빌 클린턴이었는데, 닷컴 거품이 꺼졌을 때도 여전히 그의 재임 시기였다.

1994년과 1997년 사이에는 최초의 (암호화로 보호되는) 완전

온라인 결제, 아마존, 이베이, 넷플릭스, 페이팔, 온라인 뱅킹, 최초의 온라인 신문(『데일리 텔레그래프』, 『시카고 트리뷴』, 『CNN』), 라디오 방송국(WXYC, KJHK), 음악 스트리밍 서비스(IUMA)의 탄생을 전부 목격할 수 있었다. 그리고 같은 시기에 인터넷 전화 통화와 무료 웹 기반 이메일 서비스도 탄생했다. 이 모든 일은 광대역 통신이나 3G 통신이 등장하기 전에 일어났다. 1998년에는 사용자가 집에서 전화선 접속을 통해 확보할 수 있는 최고 연결 속도가 초당 56킬로비트였다. 다시 말해, 사용자가 정보가 필요할 때는 유선 전화선을 사용하여 인터넷 제공업체에 접속해야 했다는 뜻이다.

이는 마치 항상 분리되어 있던 세계들을 중력이 갑자기 작용해 하나로 끌어당기기 시작한 것과 같았다. 1990년대 말에는 암호화부터 미디어 재생 소프트웨어까지 모든 것을 사용자에게는 보이지 않게 완벽하게 통합함으로써 일반 가정의 데스크톱 컴퓨터에서 실행할 수 있게 만든 웹 브라우저 덕분에 신문, 라디오 방송국, 전화, 은행, 결제, 우편 서비스, 전신 서비스가 모두 인터넷으로 이동하기 시작했다. 팀 버너스리가 뉴스 그룹에 게시물을 올린 때로부터 10년이 지난 2001년에는 미국인의 50%가 온라인에 접속한 상태가 되었다.

이는 또한 이전 세계의 종말을 의미했다. 온라인으로 전환한 각 서비스와 관련하여 경제의 일부 분야에서, 그리고 이를 둘러싼 생태계에서 혼란이 발생했다. 팩스 기계, 안테나 설치업, 신문 판매업, 전신국이 가장 먼저 쇠락한 업종에 들어갔으며, 얼마 지나지 않아 비디오 대여점, 전신환 송금, 음반 가게, 은행, 영화관, 라디오, 텔레비전, ATM도 쇠퇴의 운명을 맞이했다. 전화 케이블이나 택배

회사처럼 그 와중에 살아남은 구 인프라 영역은 새로운 대중 매체에 의해 선택되고 재정의된 부분이었으며 이 과정은 여전히 진행 중이다.

웹페이지, 서비스, 사용자 수가 지나치게 빨리 증가하면서 곧 지능형 알고리즘의 도움 없이는 웹을 관리할 수 없게 되었고 새로운 형태의 공생이 시작되었다. 1993년 웹사이트의 수는 130개였지만 1996년에는 www 주소를 단 사이트가 25만 개, 2000년에는 1,700만 개로 늘어났다. 사용자들을 관련 정보로 안내하는 검색 엔진이 개발되기 시작했고, 스팸 발송자들과의 군비 경쟁이 시작되었으며, 2000년에는 인공지능을 이 전쟁에 도입한 구글이 등장했다. 오늘날 세상의 웹사이트 수는 10억 개를 가볍게 넘기는 만큼, 인공지능이 정보의 위치를 검색하고 이러한 정보를 번역 또는 요약하지 않거나, 스팸 또는 사기를 걸러내는 중요한 역할을 해주지 않는다면 웹을 사용하기란 불가능할 것이다. 이메일도 마찬가지인데, 이제는 초고도화된 스팸 필터링 기술 없이는 실제로 사용하기 어렵다. 사기 문제도 있고 바이러스도 신경 써야 하는 만큼, 수십억 명의 사람이 웹에 일상을 의존하게 된 한편, 웹은 스스로 잘 작동하기 위해 인공지능에 의존하게 되었다.

영구적 연결의 등장으로 이러한 흐름은 가속되었다. 대략 2000년경부터 광대역 연결과 와이파이 무선 연결이 가능해졌으며, 사용자들이 항상 연결되는 시대가 시작되었고, 2007년부터는 휴대폰 연결도 활용되었다. 2001년에서 2010년 사이에 애플은 아이팟, 아이튠즈, 아이폰, 아이패드를 출시했고, 3G와 4G 통신으로 웹에 접속할 수 있게 되었다. 이로써 사람들은 계속해 온라인 상태를 유지할 수 있게 되었고, 오늘날 미국인의 85%와 유럽인의 86%가 스마트폰을 보유하고 있다.

2000년 닷컴 거품이 꺼지면서 수익에 초점을 맞춰 개인화 광고, 트래픽 경쟁, 사용자 생성 콘텐츠를 기반으로 하는 새로운 웹이 등장했다. 2003년부터 2007년까지 링크드인, 페이스북, 유튜브, 레딧, 트위터, 텀블러, 인스타그램이 탄생했고, 이들 중 일부는 수십억 명의 사용자를 보유한 채 색인, 검색, 필터링, 추천, 보안 등 다양한 수준에서 인공지능에 의지하고 있다. 오늘날 페이스북의 월간 활성 사용자는 30억 명 이상이며 유튜브는 약 20억 명, 인스타그램은 약 5억 명, 틱톡은 약 5천만 명, 넷플릭스는 약 2억 명, 아마존은 3억 명의 고객을 보유하고 있다. 이러한 서비스들의 상당수는 8장에서 논한 소셜 머신과 관련이 있다.

물론 인공지능이 온라인 애플리케이션에만 쓰이는 것은 아니며, 의료나 교통 분야에서 활용되는 인공지능의 성공 사례도 많다. 2018년, CheXNet이라는 컴퓨터 비전 시스템은 엑스레이 사진에서 폐렴을 진단하도록 훈련되어 인간 전문가 수준에 필적하는 성능을 구현했으며, 2022년 기준 자율주행 자동차는 160만 킬로미터 주행당 평균 10건의 사고 빈도를 달성했다. 이는 인간 운전자의 사고 빈도에 비해 크게 높지 않은 수준이다. 하지만 인공지능 분야에서 가장 큰 수익원은 여전히 웹 기반 애플리케이션에서 발생한다.

1990년대에 시작된 이러한 혁명은 전체 구세계를 영구적이고 단계적으로 제거했으며, 지능형 에이전트가 지켜보는 가운데 사람들이 비즈니스와 사생활을 영위하는 좀 더 효율적인 디지털 인프라로 대체했다. 팀 버너스리가 월드 와이드 웹 프로젝트를 발표하고

25년이 지난 뒤, 인공지능이 통제 불능 상태가 되면 '전원코드를 뽑으라'라고 오바마 전 대통령이 농담한 일례는 불과 한 세대만에 이러한 변화가 얼마나 불가역적으로 일어난 것이었는지를 보여준다.

⿻ 매체와 게이트키퍼

웹 혁명의 가장 큰 매력 중 하나는 기존의 권력 구조를 뒤엎고 공급 경로를 단축하여 생산자와 소비자가 브로커나 다른 중개자를 우회해 거래할 수 있는 잠재력이었다. 웹 혁명은 아티스트와 관객, 판매자와 구매자, 구직자와 고용주를 직접 연결하는 탈중개화를 약속했다.

다시 말해, 이 새로운 매체의 주된 매력 중 하나는 '게이트키퍼 gatekeeper', 즉 기회나 자원에 대한 접근을 통제하는 자를 거치지 않을 수 있는 가능성이었다. 불과 몇 년 만에 누구나 영화를 제작하고 온라인으로 배포할 수 있게 되었다. 책이나 노래, 뉴스 기사도 마찬가지다. 이러한 일을 아무런 문제 없이 직접 무료로 할 수 있을 뿐 아니라, 경우에 따라서는 익명으로도 할 수 있는 만큼 해방감도 더 고양되었다. 얼마 지나지 않아 에디터, 출판인, 제작자, 언론인이 대체되기 시작했고 채용, 여행, 광고 에이전시가 그 뒤를 이었다.

많은 사람이 탈중개 현상을 민주화 과정으로 보고 두 팔 벌려 환영하면서 중개인의 위치를 게이트키퍼[01]이자 차별, 착취, 부패가 일어날 수 있는 곳으로 여긴 반면, 웹은 서비스에서 중간 계층이 없는 좀 더 '평평한' 경제를 약속했다. 그리고 실제로도 동영상을 촬영하고 바로 공유할 수 있다는 가능성 덕분에 많은 사례에서 권력자에게 책임을 추궁할 수 있게 되었다. 심지어 일부 사람들은 전통적인 대의 민주주의를 폐지하고 시민들이 특정 법률에 직접 투표하는 직접 민주주의로 대체해야 한다고 주장하기도 했다. 10여 년간의 격동적인 융합을 거쳐, 웹은 이제 기존 인프라와 기관들을 대체하지 않는 대신 수많은 비즈니스 모델에서 탈중개화 현상을 일으켰다. 2000년대 초반, 구 통신 인프라가 교체된 뒤에 디지털 혁명은 언론, 학교, 정당과 같은 문화적 기관에까지 영향을 미치기 시작했다.

2016년의 '윤리적 충격'은 이러한 낙관이 가지고 있었던 문제를 부각시켰다. 구직자와 고용주, 아티스트와 청중, 뉴스 기사와 독자를 짝지어주는 것이 사람이 아닌 지능형 알고리즘이었기 때문이다. 그리고 사람들은 이러한 결정이 공정하게 내려졌는지, 사용자의 건강에 예상하지 못한 영향을 주었는지 알 수 없었다. 성별 및 인종에 대한 편견이 '야생에서' 흡수될 가능성과, 양극화 및 가짜 뉴스 유포의 가능성에 대해 언론이 보도한 내용은 이러한 알고리즘에 대한 우리의 기술적 이해가 얼마나 한정적이었는지, 그리고 알고리즘을 감사하고 신뢰를 회복하기 위한 법적, 문화적, 기술적 인프라가 얼마나 부족했는지에 대한 깨달음을 부각시켰다.

2016년이 되자 사람들은 새로운 게이트키퍼가 생겼다는 사실뿐만 아니라 이들을 신뢰할 수 없다는 사실도 깨닫기 시작했다. 그럼에도 불구하고 이러한 게이트키퍼는 수십억 명의 행동을 관찰하고, 그들이 접근할 수 있는 정보를 선택하고, 그들의 삶에 대한 결정을 내릴 수 있는 위치에 있었다. 지능형 에이전트의 힘은 이들이 자리잡은 위치에서 비롯된 것이다. 오늘날 인공지능의 핵심 문제는 바로 '신뢰의 문제'다.

⟡ 지능형 기계와 함께 살아가기

자동화의 목적은 인간을 대체하는 것이며 인공지능의 목적도 그와 다르지 않다. 이를 통해 개인, 조직, 사회 전체의 생산성을 향상할 수 있다. 다시 말해 특정 작업의 비용을 극적으로 줄일 수 있다는 뜻이다. 한편으로 이러한 기술에 접근할 수 있는 사람들에게는 큰 힘이 되지만, 또 다른 한편으로 대체된 노동자들이나 동일한 자원에 접근할 수 없는 경쟁자들에게는 문제가 된다. 예를 들어 운송, 번역, 의료 진단에 대한 접근 비용을 절감해 인공지능의 혜택을 누리게 될 부분은 디지털 경제만이 아닌 더 넓은 분야의 경제다.

그러나 동일한 기술이 어떤 사회적 가치를 훼손할 수도 있다. 예를 들면 거리 CCTV를 통한 대중 감시나, 심리측정 마이크로타기팅을 통한 대중 설득이 가능해지는 경우가 그렇다. 또한 오작동을 일으키거나 예상치 못한 부작용이 발생하는 경우에도 해로운 효과가 발생할 수 있다. 심지어 시장, 여론, 기타 공공재를 불안정하게 만들 수도 있고, 인공지능이나 그 데이터를 통제하는 자들에 대한 부의 집중을 가속화할 수도 있다. 우리가 상상하고 싶지 않은 방식으로 군사용 목적 응용기술에 사용될 수도 있다.

대중이 이 기술을 신뢰하게 되기 전에 정부는 해당 기술의 여러 측면을 규제해야 한다. 그리고 우리는 이미 발생했던 아슬아슬한 순간들과 오경보에 대한 예전 사례에서, 그리고 언론에서 표현된 우려나 실제 피해에 대한 이야기에서 많은 것을 배울 수 있다.

책임성[accountability]과 감사 가능성[auditability]이라는 두 가지 핵심 요소가 이러한 환경을 형성하는 데 도움이 될 것이다. 인공지능 시스템의 효과에 대해 누가 책임질지 결정하는 것은 아주 중요한 단계다.

이를 책임져야 하는 자는 운영자인가? 제작자인가? 아니면 사용자인가? 그리고 이는 두 번째 요소인 감사 가능성으로 연결된다. 설계도에 의해서조차 감사하는 것이 불가능한 시스템을 신뢰할 수 있을까? 이 부분에 대한 규제가 더 진행되려면 우선 인공지능 에이전트가 감사 가능해야 하며, 그 부담은 제작자나 운영자가 져야 한다는 규칙을 확립하는 것에서 출발해야 한다. 이를 먼저 확립한다면 에이전트에 대한 검사를 통해서만 확인할 수 있는 안전성, 공정성, 그 외 모든 속성들에 대해 논의할 수 있을 것이다.

현재 알고리즘형 차별에 대한 수많은 학술적 논의는 '컴퍼스(COMPAS)' 시스템이 피고인에게 어떻게 점수를 매기는지, 네덜란드의 복지 시스템이 어떻게 개발되고 사용되었는지, 이력서를 필터링하는 상업적 프로그램들이 앞에서 논했던 글로브 임베딩을 (5장에서 든 사례 내에서) 사용한 적이 있는지를 우리가 실제로 정확히 알지 못한다는 점에서 한계에 부딪혔다. 또한 우리는 페이스북의 내부 고발자인 프랜시스 하우겐이 과용이나 양극화 등 페이스북 상품의 부정적 효과를 입증한다고 주장하면서 미국 당국에 공개한 연구의 내용도 알지 못한다.

실험적 사실이 아닌 언론의 경고에만 기반해 법을 만드는 것은 좋은 방식이라고 할 수 없으며, 이는 다시 말해 인공지능의 영향에 대한 연구를 더 진행할 필요가 있다는 뜻이다.

인공지능을 설계상 본질적으로 감사 가능하게 만들어 제3자가 안전성을 검증할 수 있게 하는 의무를 둔다고 해서 반드시 코드 공개가 필요한 것은 아니지만, 내부 모델이 본질적으로 '설명불가능'이라고 선언하거나 일반적인 법적 면책 조항으로 대체함으로써 이 규제를 회피할 수 있도록 해서는 안 된다.

이 규제를 적용하는 과정에서 어떤 새로운 과학이 발전할 수도 있겠지만, 인공지능 시스템은 검사에 적합해야 하고 그 운영자는 책임을 지우기에 적합해야 한다. 비록 지금의 인공지능에는 현재의 인공지능을 만들기 위해 택했던 기술적 치트키 탓에 이러한 특징을 기대할 수 없지만 말이다. 따라서 이 규제에는 시스템 내 체크포인트의 의무 도입, 극단적인 조건에서의 결과를 평가하기 위한 정기적 표준 스트레스 테스트 실행, 아직 존재하지 않는 과학인 기계에 대한 일종의 '심리측정학' 개발이 포함되어야 할 수도 있다.

신뢰는 맹목적인 믿음이 아니다. 에이전트가 소프트웨어든, 사람이든, 조직이든 간에, 그 에이전트의 능력과 선함에 대한 합리적인 믿음이어야 한다. 현재로서는 명확한 책임성이야말로 신뢰를 보장하는 방법이다.

이를 바탕으로 안전성, 공정성, 투명성, 개인정보보호, 존중과 같은 다른 문제들을 해결해야 한다. 모든 사용자는 인공지능 에이전트와의 상호작용에서 다음과 같은 내용을 기대할 수 있어야 한다.

- **안전성**safety: 실패 또는 의도하지 않은 부작용으로 해를 끼치지 않을 것
- **존중**respect: 넛지, 조작, 기만, 설득 또는 조종을 시도하지 않을 것
- **투명성**transparency: 목표와 동기, 이를 추구하기 위해 사용하는 정보를 공개할 것
- **공정성**fairness: 주요 영역에서 결정을 내릴 때 사용자들을 동등하게 대우할 것
- **개인정보보호**privacy: 개인정보 주체의 개인정보 통제권을 존중할것

다시 말해, 사용자는 에이전트의 행동 뒤에 숨은 동기나 에이전트 사용으로 인해 발생할 수 있는 예상치 못한 결과에 대해 걱정할 필요가 없어야 한다.

예를 들어 미성년자에게 중독이나 기타 해악을 끼치는 추천 시스템이 있다면 그것은 안전하지 않을 수 있으므로 기능을 끄거나 거부할 수 있는 옵션과 함께 제공되어야 한다. 빨간 신호등에 멈추지 않고 주행하는 자율주행차 프로그램도 안전하지 않다. 사용자의 결정을 계속해 조작하려 하는 소프트웨어 에이전트는 사용자의 존엄성과 '홀로 남겨질 권리[02]'를 존중하지 않는 것이며, 실제 목표, 동기, 보상을 공개하도록 해야 한다. 오늘날 많은 기계의 결정이 설명 불가능하며 코드가 온라인에 공개되어 있다고 하더라도, 추천 엔진의 보상 구조 및 이 기계가 사용하는 신호가 무엇인지 공개적으로 숨김없이 밝히도록 요구해야 한다. 사용자가 어떤 대화 혹은 자신의 위치가 설득 작업을 위해 사용될 수 있는지 알기 어려워서는 안되며, 사용자가 처음부터 이를 분명히 인식하고 공개적으로 동의해야 한다. 그리고 사용자는 불이익 없이 그 일부를 거부할 수 있어야 한다. 온라인 취업 중개 사이트에 이력서를 업로드하는 사용자가 차별받을 수 있다는 걱정을 하는 일이 있어서는 안 된다.

신뢰는 다차원적인 개념이며, 앞에서 나열한 요구 사항들은 그중 일부 차원에 관한 것으로, 현재 전 세계 학자들과 정책 입안자들이 각 항목을 연구하고 있다. 진정으로 필요한 작업은 소프트웨어 엔지니어링 관련 문제가 아니라, 이러한 소프트웨어가 사회 및 개인의 심리와 어떻게 상호작용하는지를 이해하는 것이다. 이러한 상호작용의 접점에서 어떤 유형의 공정성을 기대해야 할지, 그리고 기계에서 어떤 종류의 설명을 기대해야 할지, 또 이를 어떻게 평가해야 할지 종합적으로 결정하게 될 것이다. 신뢰 문제와 관련해서는 앞에서 나열한 것보다 훨씬 더 많은 차원이 존재하지만, 이미 논의 중인 뛰어난 제안들이 많고, 더 많은 내용이 연구되고 있는 만큼 낙관적으로 볼 이유가 충분하다. 이 모든 것은 에이전트가 감사 가능한 방식으로 설계되고 인공지능 회사가 자사 서비스에 책임질 수 있어야만 가능할 것이다.

동일한 기술도 어떤 영역에서는 문제를 일으킬 수 있지만 다른 영역에서는 그렇지 않을 수 있고 모든 위험이 동일한 수준이 아닌 만큼, 한 가지 대안은 특정 문제에 대한 인공지능의 적용을 규제하고 고위험과 저위험의 인공지능 사용을 구분하는 것이다. 이는 현재 유럽연합의 규제안이 취하고 있는 방식이다.

예를 들어 이 규제안에서 주정부가 시민의 '사회적 신용 점수'를 계산하는 일은 '허용할 수 없는 위험^{unacceptable risk}'으로 분류되어 있으며 앞으로 금지될 것이다. 지금은 이 분류 항목의 목록이 꽤 비어 있지만, 금지되는 적용 사례가 있을 수 있다는 생각 자체가 올바른 기대치를 형성한다. '고위험^{high-risk}' 분류 항목에는 감독 및 투명성과 관련한 많은 의무가 부과될 것이며 인명 손실(예: 대중교통), 교육에 대한 접근, 고용, 신용(이력서 분류, 시험 채점, 대출신청평가), 법 집행, 사법 제도에 영향을 줄 수 있는 모든 인공지능 적용 사례가 포함될 것이다. 하지만 실제로 이러한 규제가 어떻게 작동할지는 명확하지 않다. 이력서 필터링 소프트웨어를 굳이 수작업으로 만든 고품질 데이터로 훈련해야 할까? 야생에서 얻은 데이터를 여전히 쓸 수 있을까? 앞으로 몇 년간은 이러한 연구를 진행해야 할 것이다. 세 번째 분류 항목인 '제한적 위험^{limited risk}'에 속하는 시스템에는 작업을 수행하는 에이전트가 기계라는 사실을 사용자에게 공개할 의무가 있다. 하지만 개인적으로는 에이전트가 목표를 투명하게 공개할 의무도 여기에 추가하고 싶다. 이 에이전트의 목표가 사용자가 클릭하게 함으로써, 또는 다른 행동을 취하게 함으로써 보상을 받는 것인지를 공개해야 한다.

현재 규제안에는 많은 질문이 해결되지 않은 채 남아 있다. 개인적으로 보기에는 추천 시스템이나 개인화된 광고가 초래하는 중독이나 양극화에 대한 문제를 앞에서 설명한 분류 항목 중 어디에서 관리해야 할지 명확하지 않다. 심지어 이 문제는 현시대의 주요 우려 사항에 속한다. 원격 생체인식[03]은 (적어도 유럽연합 내에서 운영되는 상업적 주체의 경우) 이 규제안에 의해 금지되겠지만, 원격 심리측정은 어떨까? 사용자가 콘텐츠를 소비하고 만들어낼 때 어느 정도 수준의 익명성을 가져야 할까? 수많은 인공지능 적용 기술의 실제 위험이 무엇인지, 그리고 어떤 해결책이 효과가 있을지 파악하는 데는 많은 시간이 필요하겠지만, 지금 바로 이러한 부분을 규제하기 시작하는 것이 바람직하다.

문제는 모든 실험적 결과를 확보하지 못한 채로 이러한 부분을 규제할 때의 위험도 있다는 점이다. 따라서 빠른 시일 안에 인공지능 에이전트에 대한 노출의 영향에 관한 엄밀한 연구가 이루어져야 할 것이다.

다른 국가들도 각기 다른 규제안을 만들겠지만, 소프트웨어 에이전트가 본질적으로 불투명한 속성을 가지는 만큼 검사와 책임의 의무에서 벗어날 수 있다는 점을 수용해버린다면 그 어느 규제도 시행될 수 없을 것이다. 규제를 시행하려면 감사 가능성이 전제 조건이 되어야 한다. 도구의 감사 가능성에 대한 부담은 도구 제작자의 몫이 되어야 하며, 해당 도구가 시장에서 작동하도록 허용되려면 이것이 필수 조건이 되어야만 한다. 인가 제도 도입이 불가피할 수도 있다.

⊶ 금지가 아닌 규제

2016년, 인공지능이 인간의 이해를 뛰어넘을 위험과 관련한 오바마 전 미국 대통령의 농담이었던 "그저 전원코드 근처에 누군가를 두기만 하면 됩니다"라는 표현은 재미있기도 했지만, 한편으로는 다음과 같은 여러 이유로 복잡한 심경을 불러일으켰다. 첫 번째는 인공지능이 이미 없어서는 안 되는 도구가 된 만큼 현실적으로 인공지능 사용을 중단할 수가 없다는 사실이며, 이것이 바로 우리가 다양한 형태로 사용되는 지능형 에이전트들과 함께 안전하게 살아가는 방법을 배워야 하는 이유이기도 하다. 두 번째는 이 농담이 지능형 에이전트가 어떤 선을 넘는 것을 확인했을 때 인간이 결정할 수 있는 부분이 있다는 생각을 내포하지만, 실제로는 그렇게 쉬운 일이 아닐 거라는 점이다. 우리가 잘못된 지점에서 지능을 찾고 있었을 수도 있기 때문이다. 인공지능은 지각 있는 로봇의 형태가 아닌, 인간을 위해, 인간에 관하여, 인간이 진정으로 이해할 수 없는 기준으로 중요한 결정을 내리는 소셜 머신과 같은 학습하는 인프라의 형태로 등장한다. 이러한 인공지능의 행동은 인간 데이터에서 찾은 통계적 패턴에 의해 형성되며 목표를 추구하도록 설계된다. 이러한 유형의 지능형 에이전트를 규제하는 것이 이를 금지하는 것보다 훨씬 더 중요할 것이며, 이러한 규제를 만들어내는 프로젝트를 위해서는 자연과학, 사회과학, 인문과학 간의 접점에서 상당한 수준의 연구가 필요하다. 이것이 바로 인공지능의 다음 문화적 도전이 될 것이다.

에필로그

인간은 인공지능을 창조했고 이미 우리 삶의 일부가 되었다. 정확히 우리가 기대했던 피조물은 아닐 수도 있지만 우리가 원했던 많은 일을, 때로는 그보다 더한 일을 다른 방식으로 해낸다.

인간이 만든 지능형 에이전트의 지능을 고찰할 때는, 인간보다는 정원의 달팽이와 같이 인간과 거리가 멀고 단순한 동물과 비교하는 편이 더 나을 수 있다. 다시 말해 이들의 '생각하는' 방식은 인간과는 완전히 이질적이다. 학습할 수 있고, 일부는 계획도 세울 수 있지만, 인간이 이들을 이해하거나 이들과 논쟁할 수는 없다. 이들은 초인간적인 양의 데이터에서 추출한 패턴으로만 구동되며 오직 자신의 목표를 추구하는 데만 관심이 있고 그 밖의 것에는 무관심하기 때문이다.

그럼에도 불구하고 이들은 어떤 상황에서는 인간보다 더 강력할 수 있다. 우리는 이 기술이 이제 논란이 될 만한 방식으로 사용된다는 사실을 인식하고 걱정할 수도 있고, 그 과정에서 우리가 얼마나 교묘하게 기술적, 철학적 질문들을 회피해 왔는지에 관한 사례들을 보며 놀랄 수도 있다.

나의 첫 컴퓨터에 그리스 역사에 관한 질문을 던지려 했던 돈 안토니오 신부님은 기술적인 세부 사항보다는 사람들의 관점에 더 관심이 있었다. 신부님이 오늘날 살아 계시더라도 아이폰의 인공지능 비서 시리가 알렉산더 대왕에 관한 질문에 어떻게 답할 수 있는지에 관해 신경 쓰실 것 같지는 않다. 이를 설명하려면 신부님이 돌아가신 뒤 등장한 위키피디아부터 스마트폰에 이르기까지의 수많은 신기술을 그 설명에 포함해야 할 것이기 때문이다. 하지만 신부님은 이렇게 일어난 일들을 설명할 때의 표현에서 불온한 변화를 감지했을 수도 있다. 어째서 사람들을 '사용자'라고 부르고, 사람들의 예술과 문화 표현을 '콘텐츠'라고 부르는가? 그 누가 우리 마을의 훌륭한 와인을 '콘텐츠'라고 불렀겠는가? 아마도 공병 수거인 정도가 병 내용물을 콘텐츠라고 했을 것이다.

나는 신부님이 기계도 지능적일 수 있다는 사실에 관심을 보였을 거라 생각하지 않는다. 어떤 작업들에 대해서는 기계가 인간보다도 더 지능적일 수 있다는 사실에 대해서도 마찬가지다. 하지만 신부님은 기계가 인간만큼, 또는 인간보다 더 중요하다는 것에는 확실히 반대하셨을 것이다. 우리가 만들어가는 새로운 세계를 설명할 때 기계의 시점과 언어를 채택하게 되었다는 사실은 지금 주의가 필요한 단계일 수 있다는 근거다.

신부님이 살았던 예전 아날로그 세계는 이미 지나가버렸으므로 이제는 현실 세계에 문화적으로 적응해야 하지만, 예전 세계도 우리 기억에서 완전히 사라지지는 않았다. 아이들은 여전히 스마트폰에서 편지봉투, 수화기, 렌즈와 셔터 버튼이 달린 카메라, 신문, 아날로그 시계 등 다양한 앱을 나타내는 아이콘들을 볼 수 있다. 오늘날의 아이들은 이러한 물건들을 한 번도 써본 적이 없고 공중전화 부스를 이용해본 적도 없으며, 언젠가는 현금도 이러한 운명을 따르게 될 것이다. 많은 어린이가 'TV'를 뜻하는 '튜브^{Tube}'나 '영화'를 뜻하는 '플릭스^{Flix}'의 의미를 알지 못할 것이다. 심지어 어린아이들이 종이책을 넘길 때 페이지를 손가락으로 스크롤하려 한다는 이야기도 있다.

아이들 주머니 안에 있는 마법의 스마트폰은 카메라, 전화기, 우편함, 텔레비전, 신문, 현금카드 등의 역할을 모두 수행한다. 빈곤한 국가에서 전체 공동체를 변화시키고, 다양한 방식으로 사람들에게 힘을 실어주는 환상적인 매체다. 어떤 사람들은 이것이 혁명과 이동이 일어나는 원인이며, 분명 새로운 유형의 예술과 아름다움의 원인이라고 생각하기도 한다.

스마트폰은 우리 아이들이 인공지능을 만날 수 있는 곳이기도 하다. 스마트폰에서 사용자의 질문에 답하고, 음악과 뉴스를 추천하고, 여러 언어로 번역하고, 정보를 검색하고 필터링하는 것은 인공지능이다. 그리고 앞으로는 훨씬 더 많은 활용을 기대할 수 있다. 의사들은 곧 인공지능을 사용하여 특정한 질병들을 진단하거나 희귀 질환에 대한 최신 정보에 접근하게 될 것이다. 인공지능은 곧 휴대폰뿐만 아니라 병원, 자동차, 학교에서도 사용될 것이다. 그 전으로 되돌아가는 것은 불가능할 뿐만 아니라 무책임한 일이다. 그 대신 우리가 해야 할 일은 이 기술을 안전하게 만드는 것이다.

바로 이 부분에서 돈 안토니오 신부님은 무언가 하실 말씀이 있었을 것이다. 우리는 기계가 아이들에 대해, 그리고 아이들을 위해 결정을 내리는 세상을 만들었다. 우리는 평소 이 기계를 주머니에 넣고 다니면서 우리가 물려준 유산의 정체를 제대로 이해할 기회가 없는 후세대들이 우리가 만든 세상을 신뢰할 수 있도록 해줄 책임이 있다. 그들은 이력서, 대학 원서 또는 다른 중요한 신청서를 업로드한 다음 인공지능 에이전트의 결정을 기다릴 것이다. 이때 그들은 기계가 자신이나 자신의 꿈을 착취하거나, 차별하거나, 다른 어떤 방식으로든 자신을 실망시키지 않을 것이라는 점을 확신할 수 있어야 한다.

다른 의견을 주장하는 세력도 분명 있을 것이므로 이에 대비해야 한다. 컴퓨터가 인간보다 더 안전하게 운전할 수 있게 되었을 때, 일부 제조사는 인간이 자동차 운전을 고집하는 게 과연 윤리적인지를 따질 것이다. 소프트웨어가 대출이나 채용 지원에 대해 더 나은 예측을 할 수 있게 되었을 때, 소프트웨어를 사용하는 절차를 거부하거나 대신 인간을 활용하도록 요구하는 것이 받아들여질 수 있을까? 그리고 상업적 경쟁자가 이렇게 설정한 가치를 위반한 때나 긴급상황이 발생했을 때, 우리가 어떻게 대처할 것인지 결정해야 할 상황이 곧 닥칠 수도 있다. 이러한 반대 의견들은 머지않아 나오게 될 것이므로, 지금부터 이에 관해 생각해봐야 할 것이다.

우리의 문화는 어떻게든 이 새로운 존재를 통합할 수 있게 진화할 것이다. 그러나 우리가 다음 세대에게 계속 가르쳐야 할 것은, 최고의 가치는 인간의 존엄성이며, 이것이 지능형 기계의 역할과 관련된 모든 미래의 결정에 대해 판단하는 기준이 되어야 한다는 점이다. 인공지능이 우리보다 아무리 더 똑똑해진다고 한들 "이 물건은 절대 우리를 뛰어넘을 수 없을 것이다." 아마 돈 안토니오 신부님은 아마존 에디터들이 시애틀의 한 잡지에 아마봇을 겨냥해 게재했던 "살과 피로 이루어진 멋진 엉터리가 승리할 겁니다"라는 도전적인 익명 광고를 높이 평가했을 것이다. 나는 정말로 이 문구대로 될 것이라 생각한다.

1장

- Albus, James S. "Outline for a Theory of Intelligence." *IEEE Transactions on Systems, Man, and Cybernetics* 21.3 (1991): 473-509.

- Sagan, Carl. "The Planets", *Christmas Lectures*. The Royal Institution, 1977, BBC2.

- Wiener, Norbert. *Cybernetics: Or Control and Communication in the Animal and the Machine*. Paris: John Wiley and Sons/ Technology Press, 1948 (2nd revised ed. 1961).

2장

- Boyan, Justin, Dayne Freitag, and Thorsten Joachims. "A machine learning architecture for optimizing web search engines." *AAAI Workshop on Internet Based Information Systems*. 1996.

- Cristianini, N. "Shortcuts to Arti cial Intelligence." In Marcello Pelillo and Teresa Scantamburlo (eds), *Machines We Trust*. Cambridge, MA: MIT Press, 2021.

- Goldberg, David, David Nichols, Brian M. Oki, and Douglas Terry. "Using Collaborative Filtering to Weave an Information Tapestry." *Communications of the ACM* 35.12 (1992): 61-70.

- Halevy, Alon, Peter Norvig, and Fernando Pereira. "The Unreasonable Effectiveness of Data." *IEEE Intelligent Systems* 24.2 (2009): 8-12.

- McCarthy, John, Marvin L. Minsky, Nathaniel Rochester, and Claude E. Shannon. "A Proposal for the Dartmouth Summer Research Project on Arti cial Intelligence, August 31, 1955." *AI Magazine* 27.4 (2006): 12-12.

- Vapnik, Vladimir. *The Nature of Statistical Learning Theory*. New York: Springer Science & Business Media, 1999.

3장

- "A Compendium of Curious Coincidences." *Time* 84.8 (August 21, 1964).

- Borges, Jorge Luis. "The Analytical Language of John Wilkins." *Other Inquisitions* 1952 (1937): 101-105.

4장

- Lovelace, Augusta Ada. "Sketch of the Analytical Engine Invented by Charles Babbage, by LF Menabrea, Officer of the Military Engineers, with Notes Upon the Memoir by the Translator." *Taylor's Scientific Memoirs* 3 (1842): 666-731.

- Samuel, A. L. "Some Studies in Machine Learning Using the Game of Checkers." *IBM Journal of Research and Development* 3.3 (1959): 210-229. doi: 10.1147/rd..3.3.0210.

- Silver, David, Aja Huang, Chris J. Maddison, Arthur Guez, Laurent Sifre, George van den Driessche, Julian Schrittwieser, Ioannis Antonoglou, Veda Panneershelvam, Marc Lanctot, Sander Dieleman, Dominik Grewe, John Nham, Nal Kalchbrenner, Ilya Sutskever, Timothy Lillicrap, Madeleine Leach, Koray Kavukcuoglu, Thore Graepel, and Demis Hassabis. "Mastering the Game of Go with Deep Neural Networks and Tree Search." *Nature* 529.7587 (2016): 484-489.

5장

- Angwin, Julia, Jeff Larson, Surya Mattu, and Lauren Kirchner. "Machine Bias." *Propublica*, May 23, 2016.

- *"Boete Belastingdienst Voor Discriminerende en Onrechtmatige Werkwijze."* December 7, 2021.

- "Cabinet Admits Institutional Racism at Tax Office, But Says Policy Not to Blame." *nltimes.nl*, May 30, 2022.

- Caliskan, A., J. J. Bryson, and A. Narayanan. "Semantics Derived Automatically from Language Corpora Contain Human-like Biases." *Science* 356.6334 (2017): 183-186.

- Dastin, Jeffrey. "Amazon Scraps Secret AI Recruiting Tool That Showed Bias against Women." *Reuters*, October 11, 2018.

- Hadwick, D., and S. Lan. "Lessons to Be Learned from the Dutch Childcare Allowance Scandal: A Comparative Review of Algorithmic Governance by Tax Administrations in the Netherlands, France and Germany." *World Tax Journal* 13.4 (2021).

- Jacobs, W. W. "The Monkey's Paw (1902)." In W. W. Jacobs (ed.), *The Lady of the Barge*. London and New York: Harper & Brothers, 1902.

- Kleinberg, Jon, Sendhil Mullainathan, and Manish Raghavan. "Inherent Trade-Offs in the Fair Determination of Risk Scores." 2016. *arXiv preprint arXiv:1609.05807*.

- "PwC Onderzoekt Doofpot Rondom Memo Toeslagen Affaire." June 14, 2021.

- Rudin, Cynthia, Caroline Wang, and Beau Coker. "The Age of Secrecy and Unfairness in Recidivism Prediction." 2018. *arXiv preprint arXiv:1811.00731.*

- "Tax Authority Fined €3.7 Million for Violating Privacy Law with Fraud Blacklist." *nltimes.nl*, April 12, 2022. https://nltimes.nl/2022/04/12/tax-authority-fined-eu37-million-violating-privacy-law-fraud-blacklist.

- Wiener, Norbert. *The Human Use of Human Beings: Cybernetics and Society*. Boston: Houghton Mi in Publisher, Revised 2nd ed., 1954.

6장

- Burr, C., and N. Cristianini. "Can Machines Read Our Minds?" *Minds and Machines* 29.3 (2019): 461-494.

- Duhigg, C. "How Companies Learn Your Secrets." *The New York Times* 16.2 (2012): 1-16.

- Eichstaedt, Johannes C., Robert J. Smith, Raina M. Merchant, Lyle H. Ungar, Patrick Crutchley, Daniel Preoţiuc-Pietro, David A. Asch, and H. Andrew Schwartz. "Facebook Language Predicts Depression in Medical Records." *Proceedings of the National Academy of Sciences* 115.44 (2018): 11203-11208.

- Graff, Garrett. "Predicting the Vote: Pollsters Identify Tiny Voting Blocs." *Wired Magazine*, 16, 2008.

- Kosinski, M., D. Stillwell, and T. Graepel. "Private Traits and Attributes Are Predictable from Digital Records of Human Behaviour." *Proceedings of the National Academy of Ssciences* 110.15 (2013): 5802-5805.

- *"Letter to the DCMS Select Committee by Information Commissioner Office."* October 2, 2020.

- Matz, S. C., M. Kosinski, G. Nave, and D. J. Stillwell. "Psychological Targeting as an Effective Approach to Digital Mass Persuasion." *Proceedings of the National Academy of Sciences* 114.48 (2017): 12714-12719.

- Nix, Alexander. "From Mad Men to Math Men." March 3, 2017. https://www.youtube.com/watch?v=6bG5ps5KdDo.

7장

- Allcott, H., L. Braghieri, S. Eichmeyer, and M. Gentzkow. "The Welfare Effects of Social Media." *American Economic Review* 110.3 (2020): 629-676. https://www.aeaweb.org/articles?id=10.1257/aer.20190658.

- Auxier, B., and M. Anderson. "Social Media Use in 2021." *Pew Research Center* 1 (2021): 1-4.

- Burr, C., N. Cristianini, and J. Ladyman. "An Analysis of the Interaction between Intelligent Software Agents and Human Users." *Minds and Machines* 28.4 (2018): 735-774.

- Cheng, Justin, Moira Burke, and Elena Goetz Davis. "Understanding Perceptions of Problematic Facebook Use: When People Experience Negative Life Impact and a Lack of Control." *Proceedings of the 2019 CHI Conference on Human Factors in Computing Systems*, 2019. https://dl.acm.org/doi/10.1145/3290605.3300429.

- D'Onfro, J. "The 'Terrifying' Moment in 2012 When YouTube Changes Its Entire Philosophy." *Business Insider*, 2015.

- Eichstaedt, Johannes C., Robert J. Smith, Raina M. Merchant, Lyle H. Ungar, Patrick Crutchley, Daniel Preoţiuc-Pietro, David A. Asch, and H. Andrew Schwartz. "Facebook language predicts depression in medical records." *Proceedings of the National Academy of Sciences* 115, no. 44 (2018): 11203-11208.

- Kramer, Adam D. I., Jamie E. Guillory, and Jeffrey T. Hancock. "Experimental Evidence of Massive-scale Emotional Contagion through Social Networks." *Proceedings of the National Academy of Sciences* 111.24 (2014): 8788-8790.

- Levy, R. E. "Social Media, News Consumption, and Polarisation: Evidence from a Field Experiment." *American Economic Review* 111.3 (2021): 831-870.

- Newton, C. "How YouTube Perfected the Feed." *The Verge* 30 (2017).

- Ofcom, U. K. *Children and Parents: Media Use and Attitudes Report*. London: Office of Communications, 2021.

- Ortiz−Ospina, Esteban. "The Rise of Social Media." *Our World in Data* 18 (2019).

- "The Facebook Files." *Wall Street Journal*, 2021. https://www.wsj.com/articles/the-facebook-files-11631713039.

- Walker, Andrew. *Coroner's Service; Molly Russell: Prevention of future deaths report (Reference No. 2022- 0315)*. North London (October 14, 2022). Retrieved from: https://www.judiciary.uk/prevention-of-future-death-reports/molly-russell-prevention-of-future-deaths- report/.

8장

- Badia, A. P., B. Piot, S. Kapturowski, P. Sprechmann, A. Vitvitskyi, Z. D. Guo, and C. Blundell. "Agent57: Outperforming the Atari Human Benchmark." *In International Conference on Machine Learning* (pp. 507-517). PMLR, 2020.

- Bellemare, Marc G., Y. Naddaf, J. Veness, and M. Bowling. "The Arcade Learning Environment: An Evaluation Platform for General Agents." *Journal of Artificial Intelligence Research* 47 (2013): 253-279.

- Chrabaszcz, P., I. Loshchilov, and F. Hutter. "Back to Basics: Benchmarking Canonical Evolution Strategies for Playing Atari." 2018. *arXiv preprint arXiv:1802.08842.*

- Ie, E., Vihan Jain, Jing Wang, Sanmit Narvekar, Ritesh Agarwal, Rui Wu, Heng−Tze Cheng, Morgane Lustman, Vince Gatto, Paul Covington, Jim McFadden, Tushar Chandra, Craig Boutilier. "Reinforcement Learning for Slate−based Recommender Systems: A Tractable Decomposition and Practical Methodology." 2019. *arXiv preprint arXiv:1905.12767.*

- Berners—Lee, Tim, and Mark Fischetti. *Weaving the Web: The Original Design and Ultimate Destiny of the World Wide Web by Its Inventor.* San Francisco: Harper, 1999.

- Cristianini, Nello, and Teresa Scantamburlo. "On Social Machines for Algorithmic Regulation." *AI & Society* 35.3 (2020): 645-662.

- Cristianini, Nello, Teresa Scantamburlo, and James Lady— man. "The Social Turn of Arti cial Intelligence." *AI & Society* (2021): 1-8.

- Goldberg, David, David Nichols, Brian M. Oki, and Douglas Terry. "Using Collaborative Filtering to Weave an Information Tapestry." *Communications of the ACM* 35.12 (1992): 61-70.

- Hofstadter, Douglas R. *Gödel, Escher, Bach.* New York: Basic Books, 1979.

- O'Reilly, T. "Open Data and Algorithmic Regulation." In B. Goldstein and L. Dyson (eds), *Beyond Transparency: Open Data and the Future of Civic Innovation* (pp. 289- 300). San Francisco: Code for America Press, 2013.

- Smith, Adam. *An Inquiry into the Nature and Causes of the Wealth of Nations: Volume One.* London: W. Strahan and T. Cadell, 1776.

- Von Ahn, Luis. "Games with a Purpose." *Computer* 39.6 (2006): 92-94.

- Wiener, Norbert. *The Human Use of Human Beings: Cybernetics and Society.* Houghton Mi in Publisher, Revised 2nd ed., 1954.

10장

- Dadich, Scott. *"The President in Conversation with MIT's Joi Ito and WIRED's Scott Dadich."* 2017.

1장

01 특정한 목적을 달성하기 위해 작동하는 독자적인 시스템을 말한다.

02 넓은 의미로 환경 내에서 센서(감각기), 액추에이터(구동기)를 사용해 목적을 달성하고자 작동하는 자율적인 주체를 말한다.

03 1972년에 발사한 파이어니어 10호는 목성을 탐사한 첫 번째 우주선으로, 목성의 거대한 자기 꼬리를 발견했다. 인간이 만든 우주선으로는 처음으로 1983년에 태양계에서 탈출했다. 1973년에 발사한 파이어니어 11호는 1979년에 토성에 2만 900킬로미터까지 접근하여 토성에 두 개의 고리가 더 있음을 발견했다.

04 매우 빠르게 회전하는 중성자별. 주기적으로 맥박처럼 짧고 규칙적인 신호를 내보내는 천체라는 데서 유래한 이름이다.

05 1.4절의 제목이기도 한 'The bag of tricks'는 딥러닝 분야 논문(Tong He, Zhi Zhang, Hang Zhang, Zhongyue Zhang, Junyuan Xie, Mu Li (2018), Bag of Tricks for Image Classification with Convolutional Neural Networks)의 제목에 등장하는 표현으로, 마술에서 내부를 들여다보지 않고 공을 뽑는 주머니와 같은 이미지를 가리키는 표현이다. 이 책에서는 '깜짝주머니'로 의역했다.

06 1949년 처음 출간된 이후 1966년 절판되었다가 2012년 6월 다음과 같은 새로운 부제가 붙어 재출간되었다. 『The Organization of Behavior: A Neuropsychological Theory』 (Psychology Press, 2012).

07 어떤 연구들에 따르면 문어가 포함된 두족류와 인간은 약 7억 년 전 최소한의 지능과 단순한 시각만 지닌 원시 벌레 같은 조상에서 출발해 척추동물과 무척추동물로 갈라져 완전히 다른 진화의 길을 걸었다.

08 15세기의 폴란드 철학자 코페르니쿠스가 당시의 진리이던 지구중심설에서 벗어나 태양중심설을 주장한 것과 같은 획기적인 사고의 전환을 말한다.

2장

01 자연어 분석에서 특정 철자 앞뒤에 각 철자가 올 확률을 의존성 측면에서 분석하는 것을 말한다.

02 'once in a blue moon'은 '아주 드물게'를 뜻하는 관용적 영어 표현이다.

03 오토마타 이론은 계산 능력이 있는 추상 기계와 그 기계를 이용해 풀 수 있는 문제들을 연구하는 컴퓨터과학 분야이다.

04 명제를 통해 명확하게 설명할 수 있는 지식을 말한다. 암묵적인 지식을 의미하는 절차적 지식(procedural knowledge)과 대조되는 개념이다.

05 체계적인 판단이 굳이 필요하지 않은 상황에서 빠르게 사용하는 어림짐작 기법을 의미한다.

06 컴퓨터 프로그램을 활용해 수학 표기법을 나타내기 위해 만들어진 프로그래밍 언어인 리스프(LISP)를 효율적으로 실행하기 위해 설계된 전용 컴퓨터를 말한다.

07 Alon Halevy, Peter Norvig, Fernando Pereira. (2009). The Unreasonable Effectiveness of Data. IEEE, volume 24(issue 2).

08 개체나 종의 특성적 외부 모습이나 행동

3장

01 3!은 3×2×1을 의미한다.

02 증명할 수 없는 것을 믿거나 받아들이는 행위

03 오리온 자리의 허리띠 부분에 위치한 별로 한국에서는 삼태성이라고도 한다.

4장

01 체스와 비슷한 보드게임으로, 체스와 달리 모두 같은 말을 사용한다.

02 A. L. Samuel. (1959). Some Studies in Machine Learning Using the Game of Checkers. IBM Journal of Research and Development, volume 3(issue 3).

03 1965년에 제시된 반도체 집적회로의 성능이 24개월마다 2배로 증가한다는 경험적 관찰에 근거한 법칙이다. 오늘날에 와서는 실제 발전 속도와 맞지 않아 더 이상 정확하지 않다.

04 W. Ross Ashby. (1952). Can a Mechanical Chess–Player Outplay Its Designer?. The British Journal for the Philosophy of Science. volume 3(issue no.9). pages 44–57(14 pages).

05 영국의 일러스트레이터 마틴 핸드포드가 그려 1990년대 선풍적인 인기를 끌었던 그림책으로, 독자는 거대하고 복잡한 한 장의 그림 속에서 동그란 뿔테 안경에 빨간색 방울이 달린 모자를 쓴 '월리'라는 캐릭터(영국 이름은 월도(Waldo))를 찾아야 한다.

5장

01 여기 소개한 내용은 『원숭이 발』의 긴 원본을 축약하고 단순화해 재구성한 버전이다. 국내에는 『원숭이의 손』, 『원숭이 손』, 『원숭이 발』 등의 제목으로 여러 번역서가 출간되어 있다.

02 Kosinski, M., Stillwell, D., & Graepel, T. (2013). Private traits and attributes are predictable from digital records of human behavior. Proceedings of the National Academy of Sciences, 110(15), 5802–5805.

03 미국 군인에게 커피 한 잔을 지원하는 공익 프로그램

04 미국 전직 군인들을 지원하는 비영리 단체

05 https://wiki.helsinki.fi/download/attachments/87963292/Kosinskiym2013.pdf?version=1&modificationDate=1364234146256&api=v2

06 미국의 온라인 패션 구독 서비스

07 편향(bias)은 분야에 따라 의미가 달라지는 단어지만, 이 책에서는 통일성이나 규범에서 체계적으로 일탈하는 현상을 나타내고자 사용한다. 알고리즘 편향은 해당 알고리즘이 여러 사용자 집단 사이에서 통일되지 않은 결정을 내릴 때 발생한다. 7장에서는 인지 편향을 논하는데, 이때는 이상적인 합리적 행동에서 일탈하는 현상을 가리키는 단어를 의도하여 쓴 것이다. 통계학에서는 이 단어가 기술적으로 다르게 사용된다.

08 대규모의 영어 단어 임베딩을 모은 유명한 기성 공개 데이터 세트의 명칭이다. 글로브는 300차원에 대한 200만 개의 영어 단어 임베딩으로 구성되어 있다.

09 제이콥스는 책에서 2백 파운드라고 썼지만, 워너는 1백 파운드로 썼다.

6장

01 'From Mad Men to Maths Men'이라는 제목의 강연으로, 영어 Mad와 Maths의 발음이 유사하다는 점을 이용한 언어유희.

02 케임브리지 애널리티카는 페이스북 가입자의 프로필을 동의 없이 수집해서 정치적 선거 운동을 목적으로 사용했다는 사실이 밝혀지며 크게 논란이 되었다.

03 이 논문의 일부 저자는 케임브리지 애널리티카의 협력자 몇몇이 일했던 케임브리지 대학교의 같은 단과대학에서 일하기도 했지만, 서로 완전히 다른 개인, 기관, 프로젝트였다.

04 OCEAN은 6.1절에서도 설명했듯이 각각 경험에 대한 개방성(openness), 성실성(conscientiousness), 외향성(extraversion), 우호성(agreeableness), 신경질적 성향(neuroticism)의 다섯 가지 성격 특성을 의미한다.

05 동일한 검사를 일정한 간격으로 두 번 실시하여 얻는 신뢰성 테스트 지표를 말한다.

06 SCL 그룹은 케임브리지 애널리티카의 모회사였다.

7장

01 반향실 효과(echo chamber)란 닫힌 방에서 소리의 반향이 계속 돌아오듯이 기존의 신념이 맞춤화 정보 등에 의해 되풀이하여 강화되는 현상을 말한다.

02 국내에는 『그레이의 50가지 그림자』(시공사, 2012)라는 제목으로 출간된 로맨스 소설에서 따온 이름이다.

03 회전날개가 4개인 드론을 말한다.

04 특정 개인이 저항할 수 없을 만큼 강력하다고 입증된 넛지 및 인센티브를 가리킨다.

05 예를 들면, 사용자가 강박적인 방식으로 해당 서비스로 빈번히 돌아오는 것을 가리킨다.

06 정서가라고도 하며, 심리학에서 말하는 특정 사건 등에 대해 가지는 이끌림 또는 싫어함 등을 말한다.

07 2017년 영국 14세 소녀 몰리 러셀이 스스로 목숨을 끊은 뒤, 유가족이 그녀의 인스타그램에 자해 인증 사진과 자살에 대한 미화 게시물이 가득했던 것을 확인한 후 인스타그램 등의

소셜미디어에 청소년들이 자해를 미화하는 콘텐츠에 너무 많이 노출되도록 한 책임이 있다고 주장하며 여러 소송을 제기한 사건이다.

9장

01 영국의 차량 공유 앱

10장

01 메시지를 취사선택하여 어떤 내용이 대중에게 전해질지 결정하는 자

02 프라이버시의 측면 중에서 권력이나 타인으로부터 자유로울 권리를 의미한다.

03 원거리에서 사람들의 생체정보를 데이터베이스 정보와 대조하여 식별하는 기술

찾아보기

찾아보기

찾아보기

찾아보기